Die Konzentrationsbewegung

in der

deutschen Elektroindustrie

Von

Dr. Waldemar Koch
Dipl.-Ing.

München und Berlin
Druck und Verlag von R. Oldenbourg
1907

Meiner lieben Mutter

Inhaltsverzeichnis.

Die Elektroindustrie bis 1900.

Die Nutzbarmachung elektrischer Erscheinungen geht bis auf den Anfang des 19. Jahrhunderts zurück, ohne daß jedoch die Schöpfungen der Physiker oder die Erzeugung der der Verwertung dienenden Einrichtungen von unmittelbar wirtschaftlichem Werte waren. An Erfindungen war kein Mangel. Nach der ersten Darstellung des elektrischen Stromes durch Volta (1800) hatte diese neuentdeckte Naturkraft die Gedanken der Gebildeten, der Forscher, der Staatsmänner beschäftigt wie kaum ein anderes Gebiet der Physik. Die mystische Entstehung aus dem Nichts schien die Möglichkeit zu geben, auch fernerhin Ungeahntes und Unerwartetes mit Hilfe der Elektrizität zu erreichen, mit wenig Aufwand an Mitteln Großes zu ermöglichen und so das ökonomische Prinzip in idealer Weise zu verwirklichen. Ehrensache der Nationen war es, bei der weiteren Erforschung an erster Stelle zu stehen, und als Napoleon I. der École polytechnique eine große galvanische Batterie zum Geschenk machte, eröffneten die Engländer eine Subskription, um Davys Laboratorium mit einer noch umfangreicheren Stromquelle auszustatten. Der elektrische Strom schien imstande, alles zu leisten. Licht, Wärme, Kraft, Gesundheit und frisches Leben gingen von ihm aus. Kaum eine Verwendungsart, die damals nicht vorgeschlagen oder gar versucht worden wäre. Aber mit

der Bekanntgabe der Idee, mit der Vollendung des
Versuches war der Ehrgeiz der Erfinder befriedigt. Es
fehlten die wirtschaftlichen Schöpfer, es fehlten die Techniker gegenüber den Physikern. Scheiterte doch alles
an der wenig vorgeschrittenen Entwicklung der gesamten
Technik. Erst auf den Schultern der exakten Physik
und Chemie, des Maschinenbaues, der Feinmechanik,
der Präzisionstechnik und mit Hilfe des Kapitals konnte
die Elektrizität ihre moderne wirtschaftliche Bedeutung
erlangen.

Nicht ganz mit Unrecht wird die 1837 in mehreren
Ländern gleichzeitig angegebene Verwendung des Stromes
zum Zwecke der Verständigung auf große Entfernungen
als ein Wendepunkt in der Entwicklung angesehen. Die
Erfindung des Telegraphen bot zu großen strategischen
Wert, als daß sie ungenutzt blieb. Der Staat nahm sich
ihrer bald an, trat auch selber als Unternehmer von
Telegraphenanlagen auf. Die ersten Telegraphenbau-
anstalten erstanden; sie gingen aus den Werkstätten der
Mechaniker hervor, nahmen sich jedoch der neuen Aufgabe oft nur im Nebenbetriebe an. Meist von geringem
Umfang stellten hier Meister und Gesellen handwerksmäßig ihre Apparate her, ohne besondere Arbeitsteilung
und Zuhilfenahme von Vorrichtungen und Maschinen.
Die erste größere Anstalt wurde 1847 von dem technisch
begabten Artillerieleutnant Werner Siemens im Verein
mit dem Mechaniker Halske in Berlin ins Leben gerufen.
Zehn Arbeiter waren hier ausschließlich mit der Erzeugung von Telegraphenapparaten beschäftigt. Fehlten
doch andere Anwendungsgebiete fast ganz. Nur die Gal-
vanotechnik spielte noch eine, wenn auch unbedeutende,
Rolle. Von eigentlicher industrieller Tätigkeit war jedoch
um die Mitte des 19. Jahrhunderts in den deutschen
Landen keine Spur.

Großzügiger war schon damals die Entwicklung in
den Vereinigten Staaten von Nordamerika. Die natür-

lichen Verhältnisse des Landes, die weiten Entfernungen und der lebhafte Handel, Luxus und schließlich leichte Konzessionierung boten jedem Verkehrsmittel fruchtbaren Boden. Zudem charakterisieren sich die amerikanischen Erfindungen völlig anders als die kontinentalen. Sie kommen den Bedürfnissen entgegen. Neben den Telegraphen setzte Bell das Telephon. Und nicht nur die Schwachstromtechnik machte große Fortschritte. Auch den Problemen der Starkstromtechnik wandte sich das Interesse der Inventor, der gestaltenden, berufsmäßigen Erfinder, zu. Ende der 70er Jahre tauchen bereits Beleuchtungsgesellschaften auf, deren Charakter von vornherein großzügiger ist. 1880[1]) beschäftigen sich 40 Firmen mit 650000 $ Kapital und 1½ Millionen Dollar jährlicher Produktion mit dem Telegraphenbau. 36 Gesellschaften mit 873000 Dollar bauen Apparate und Zubehör, 3 Gesellschaften, je eine in Kalifornia, New Yersey und Ohio, die 425000 Dollar Kapital repräsentieren, dienen dem elektrischen Beleuchtungswesen. Die letzteren arbeiten durchschnittlich nicht nur mit größerem Kapital, sondern auch mit größerer Arbeiterzahl (76 gegen 16 bei den ersteren).

Anders die Entwicklung in England, die erst später einsetzte. Eine enorme Reklame, der Geist der Zeit und die unbestreitbaren Erfolge auf dem Gebiete der submarinen Kabel, die zum Teil die Ausschüttung von Dividenden in Höhe von 25% gestatteten, ließen das große Publikum sich bald auf elektrotechnische Werte stürzen. Die unpersönliche Form der Unternehmung herrscht bereits vor. Aktiengesellschaften schießen wie Pilze aus der Erde. Jeder Tag bringt andere; jede neue Lampe scharrt neue Kapitalien zusammen; die £-Aktie holt das Geld aus allen Winkeln hervor. Alles wird elektrisiert; die Times läßt Gladstones Reden tele-

---

[1]) Census Bulletins der Vereinigten Staaten von Nordamerika 1880.

phonisch dem Setzer übermitteln. ›L'électromanie en Angleterre,‹ sagt man in Paris. Der Krach blieb nicht aus und führte 1880 nicht nur zu Verlusten, Zahlungseinstellungen, Fusionen und Liquidationen, ganz wie später bei der amerikanischen und der noch genauer zu betrachtenden deutschen Krise, sondern ließ auch die Electric Lighting Act entstehen, die die englische Industrie auf lange Zeit lahm legte und alles Kapital zurückschreckte.

Zurückhaltender war man in Frankreich, wo sich im wesentlichen nur einige amerikanische Gesellschaften betätigten, die von hier aus den Kontinent zu erobern gedachten. Im übrigen erkannte man die Überlegenheit der deutschen Elektrotechnik an. ›La prusse va prendre l'avance en matière électrique‹ (1880).[1]

Gleich gering war die Tätigkeit in Österreich. Im Erzherzogtum Österreich[2]) waren 1870 89 Personen in zwei Betrieben, 1884 124 Personen in sechs Betrieben tätig, die sich alle in Wien befanden. Die Größe der Produktion beträgt zu der zuletzt genannten Zeit 260000 Gulden, wovon $^1/_5$ ins Ausland, größtenteils in den Balkan geht. Ungarn wies eine größere Firma auf, Ganz & Co., die bemerkenswerterweise die elektrotechnische Abteilung ihrem Maschinenbauunternehmen angliederte.

In Deutschland war die Entwicklung eine nicht große aber doch stetig aufsteigende gewesen. Die offene Handelsgesellschaft herrschte, das Interesse der Börse fehlte vollkommen. Große Betriebe waren vorhanden, aber keine Großbetriebe. Individualbetrieb im großen. Siemens & Halske beschäftigen nach 25 jährigem Bestehen noch nicht 600 Personen[3]), die der Hauptsache nach auf dem

---

[1]) L'électricien.

[2]) Statistischer Bericht über Industrie und Gewerbe des Erzherzogtums Österreich unter der Enns im Jahre 1880. Wien 1883.

[3]) Fasolt, Die sieben größten deutschen Elektrizitätsgesellschaften. S. 7.

Gebiete der Schwachstromtechnik tätig sind. Daneben ist Schuckert in Nürnberg aufgekommen, der 1873 aus Amerika zurückkehrte und sich in Nürnberg niederließ, wo er es in 10 Jahren auf 156 Arbeiter brachte.[1] Im ganzen zählt die Statistik 1875 81 Firmen mit 1157 Arbeitern und Angestellten, wovon 56 Firmen mit 993 Arbeitern (85,8 %) auf Preußen entfallen. Alle zusammen kommen mit Betriebskräften im Betrage von 66 PS aus.

Es beginnt das Bestreben nach rationeller Erzeugung elektrischer Energie. Schon die letzten Jahre der Entwicklung Englands und der Vereinigten Staaten waren hierdurch beeinflußt. Pacinotti (1860), Siemens (1866), Gramme (1872) schaffen in gemeinschaftlicher Arbeit, einer auf den anderen fußend, die erste für die Praxis brauchbare Dynamomaschine, die kontinuierlichen Gleichstrom gibt. Die Beleuchtungstechnik, die inzwischen der Bogenlampe die besser verwendbare Glühlampe zugesellt hatte, kann jetzt rasche Fortschritte machen. In Deutschland zählt[2] man zwar noch 1882 nur 40 Betriebe mit mehr als fünf Arbeitern, daneben 129 Kleinbetriebe. Aber das Patentgesetz zeigt jetzt seine volkswirtschaftliche Bedeutung, indem es die Bildung größerer Unternehmungen ermöglicht. Rathenau, der sich die Erfindungen Edisons, vor allem die Glühlampe, für Deutschland gesichert hat, weiß das Interesse der Börse zu beleben und gründet 1883 das erste große Unternehmen, die Deutsche Edisongesellschaft für angewandte Elektrizität, die spätere Allgemeine Elektricitäts-Gesellschaft, die ausschließlich dem Starkstromgeschäfte dienen soll. Aber er verzichtet vorläufig in der Hauptsache auf die Fabrikation, mit der der mächtigste Konkurrent, Siemens & Halske, vertragsmäßig betraut wird. Sein Bestreben geht auf die Schaffung von Anlagen zur Lieferung von elektrischen Strömen. Wie das Gas soll jedem Strom

---

[1] Fasolt, a. a. O. S. 83.
[2] Statistik des Deutschen Reiches.

von Zentralanlagen in die Wohnung geleitet werden,
ein Gedanke, den Werner Siemens eine Utopie nennt.
Die Kommunen zögern anfangs, überlassen dem
privaten Kapital die Initiative. Aber der Erfolg bleibt
nicht aus. Und Stadt auf Stadt folgt mit der Anlage
von elektrischen Werken, die bald konzessioniert, bald
wenn der Gewinn gar zu lockend winkt, in eigenen Betrieb übernommen werden. Es beginnt der Kampf der
Konkurrenten. Neue große Gesellschaften entstehen;
die bereits vorhandenen ziehen immer mehr Kapital an
sich, um ihre Stellungen zu behaupten. Es erfolgen
Unterbietungen. In Berlin Kampf der beiden, durch
Verträge aneinander geketteten großen Firmen Siemens
& Halske und Allgemeine Elektricitäts-Gesellschaft, von
denen die erstere ihr Monopol gefallen sieht, und die
letztere für ihre volle Freiheit in der Fabrikation agitiert.
Wo zwei sich zanken, freut sich der Dritte. Die Firma
Schuckert baut inzwischen mehr Zentralen als beide zusammen und erringt eine immer mächtigere Stellung.
Die Aktien-Gesellschaft Helios, 1884 in Köln gegründet,
bringt das Wechselstromsystem für die Verteilung elektrischer Energie über weite Gebiete. Aber es fehlt ihr
das Geschick, ihre Schöpfungen zu gestalten und zu
verwerten. Die Allgemeine Elektricitäts-Gesellschaft bildet
durch Dobrowolski ihr Drehstromsystem aus, und 1891
gelingt es ihr 300 PS mit günstigem Nutzeffekt 175 km
weit nach Frankfurt a. M. zu leiten und so den Be-
suchern der dortigen Ausstellung die Bedeutung und
Entwicklungsfähigkeit der Kraftübertragung vor Augen
zu führen. Städtische Zentralen nehmen jetzt neben
der Beleuchtung, fast ohne Ausdehnung der Anlagen,
ohne Erhöhung des Kapitals, die Kraftlieferung auf,
die demgemäß zu niedrigen Preisen erfolgen kann.
Es folgt die Elektrisierung des Straßenbahnbetriebes.
Zum Schluß die Elektrochemie, die mehrfach Gelegen-
heit zu umfangreichen Gründungen gibt.

Entsprechend der Entwicklung der sonstigen Industrie ist mittlerweile der Großbetrieb der herrschende geworden. Sechs Firmen sind es, die vorwiegend an dem Emporblühen der Elektroindustrie beteiligt sind. Siemens & Halske, die älteste Firma, hatte an ihrer Spitze einen ausgezeichneten Techniker, der seiner Gesellschaft lange Zeit eine dominierende Stellung zu wahren wußte. Aber gegen Ende des Jahrhunderts ging doch die von energischerem Geschäftssinn befruchtete Allgemeine Elektricitäts-Gesellschaft als erste durchs Ziel. Diese, deren Gründung den Beginn der Starkstromperiode anzeigt, hatte die Industrie vor allem dadurch zu beleben gewußt, daß sie überall die Initiative ergriff, zunächst sich sogar vorwiegend auf das bloße Unternehmergeschäft warf und erst später die Fabrikation in vollem Umfang aufnahm, als der Markt einen ausreichend großen Umfang angenommen hatte. Durch ihr Vorgehen zwang sie ihre Konkurrenten zu ähnlicher Betätigung, die indessen von diesen vielfach teils mit geringerem Geschick, teils mit geringerer Vorsicht betrieben wurde. So die Elektrizitäts-Aktien-Gesellschaft vorm. Schuckert & Co. in Nürnberg, die 10 Jahre älter als die Allgemeine Elektricitäts-Gesellschaft war, jedoch erst zurzeit der Gründung der letzteren zum Großbetriebe überging. Nachdem die Leitung der Gesellschaft in kaufmännische Hände übergegangen war, nahm die Unternehmertätigkeit einen großen Aufschwung. An vierter Stelle ist die Union Elektrizitäts-Gesellschaft zu nennen, die von vornherein den Charakter einer technisch leistungsfähigen und kapitalkräftigen Gesellschaft zeigte. Diese, die 1892 von Ludwig Loewe & Co. (mit einer Unterbeteiligung von Thyssen & Co.) und der amerikanischen Thomson Houston-Gesellschaft gegründet worden war, behauptete ihre Stellung vor allem durch ihre amerikanischen Beziehungen; besaß doch die amerikanische Gründungsfirma einen ausgezeichneten Ruf

auf dem Gebiete des Bahnbaues, so daß[1]) 1897 70%
aller Bahnen der Vereinigten Staaten, 50% aller europäischen Bahnen nach ihrem System erbaut worden
waren. Das Bahngeschäft blieb auch für die deutsche
Gesellschaft der Hauptgeschäftszweig, ohne daß sie jedoch
den anderen Gebieten völlig fern blieb. Anfangs im
wesentlichen Unternehmergesellschaft, übernahm sie 1898,
in der Zeit der Hochkonjunktur, die bisher in Händen
von Loewe befindliche Fabrik. Älter, aber von geringerer
Bedeutung ist die Helios Elektrizitäts-Aktien-Gesellschaft
zu Köln, die etwa ein Jahr nach Gründung der Allgemeinen Elektricitäts-Gesellschaft errichtet wurde, in
ihren Anfängen aber noch um einige Jahre weiter zurück-
reicht. Neben englischen Erfindungen waren es die
Wechselstrompatente Teslas, auf die sich die Helios
Elektrizitäts-Aktien-Gesellschaft zu stützen suchte, die sie
aber z. T. durch Erklärung der Nichtigkeit bald wieder
verlor. Ihre Unternehmertätigkeit fällt in spätere Zeit,
etwa nach 1895, als alle besseren Objekte bereits in
Händen der vorgenannten Gesellschaften waren. Sie
beschränkt sich daher im wesentlichen auf kleinere Objekte, die naturgemäß nicht nur geringeren Gewinn,
sondern auch infolge der technisch bedingten, mangel-
haften Rentabilität ein größeres Risiko involvierten. Als
letzte der bei der Entwicklung zur Großindustrie in
Betracht kommenden Firmen ist die Elektrizitäts-Aktien-
Gesellschaft vorm. W. Lakmeyer & Co. zu Frankfurt a. M.
zu nennen, die 1893 aus der Vereinigung zweier Frankfurter Gesellschaften hervorging. Die relativ sehr rege
Tätigkeit im Unternehmergeschäft bedingte bald verschiedene Kapitaleinlagen. Vergleichen wir die Entwicklung des Aktienkapitals der genannten Gesellschaften
in den neunziger Jahren ohne Berücksichtigung ihrer
Tochtergesellschaften, so ergibt sich das folgende Bild:

---

[1]) Geschäftsbericht.

Die Grofsfirmen der Elektroindustrie.
Aktienkapital in Millionen Mark.

	S. & H.	A. E. G.	Schuckert	Union	Helios	Lah-meyer	Zu-sammen
1890	(Kommandit-Gesellschaft)	20	(Komm.-Ges.)	—	2,2	—	
1891		20		—	2,2	—	
1892		20		1,5	2,2	—	
1893		20	12	1,5	2,2	1,7	
1894		20	12	1,5	2,056	1,7	
1895		25	12	3	3	1,7	
1896	35	35	18	3	3	3	97
1897	35	47	22,5	3	8	4	119,5
1898	40	60	28	18	10	4	160
1899	45	60	42	18	16	6	187
1900	54,5	60	42	24	16	10	206,5

Daß diese Kapitalsteigerung nur dem steigenden Bedarfe des Marktes entsprach, mag aus einem Vergleiche, der 1898 zwecks Erzielung von Unterlagen für den Abschluß von Handelsverträgen vom Reichsamt des Innern angestellten Produktionsstatistik mit den Ergebnissen einer von Professor Vogel 1892 angestellten Umfrage hervorgehen.[1]) Es ergibt sich das folgende Bild:

Fabrikationsartikel	Prod.-Wert 1890/91 in Mill.Mark	Position	Prod.-Wert 1898 in Mill.Mark	Steigerung um %
1. Elektrische Maschinen	6,50	a+k+l	60,70	835
2. Akkumulatoren . . .	4,50	b	13,00	189
3. Bogenlampen . . .	2,00	h	3,80	90
4. Bogenlampenkohlen .	1,50	i	3,40	127
5. Glühlampen	2,50	g	5,46	118
6. Telegraphenapparate .	1,50	n	3,40	127
7. Telephone	1,75	m	8,50	386

Die angegebenen Positionen beziehen sich auf die nachfolgende Tabelle, die die genaueren Ergebnisse der Statistik von 1898 enthält:

---
[1]) Nr. 14, S. 206.

Fabrikationsartikel	Wert in Millionen Mark
Gesamtproduktion	228,70
Starkstromfabrikate	211,10
Schwachstromfabrikate	17,60
a) Dynamomaschinen	52,00
b) Akkumulatoren	13,00
c) Isolierte Kabel	28,30
d) Blanke Drähte	18,80
e) Isolierte Drähte	18,00
f) Elektrizitätszähler	5,50
g) Glühlampen	5,46
h) Bogenlampen	3,80[1]
i) Bogenlampenkohlen	3,40
k) Motoren, gekuppelt mit anderen Maschinen	4,40
l) Transformatoren	4,80
m) Telephone	8,50
n) Telegraphenapparate	3,40
o) Elemente	0,60

Die Entwicklung dieser Industrie, die in neun Jahren den Wert der Produkte auf das Sechsfache erhöhte, ist noch enormer als sie hier erscheint, weil infolge der gesteigerten Konkurrenz und des rationelleren Betriebes der Preis der Maschinen und sonstigen Erzeugnisse wesentlich gesunken war. Um für jene Zeit die Größenverhältnisse der Betriebe der Elektroindustrie anzudeuten, seien aus der Gewerbezählung von 1895 folgende Zahlen genannt:

Elektroindustrie 1895.[1]

Zahl der			Zahl der		
beschäftigten Personen	Betriebe	Personen insgesamt	beschäftigten Personen	Betriebe	Personen insgesamt
Überhaupt	1326	26 321	11—20	157	2 352
1	242	242	21—50	96	3 053
2—5	391	1 306	51—200	60	5 405
6—10	182	1 404	200 und mehr	15	12 562

[1] Fasolt a. a. O., S. 197.

Die Tabelle läßt gleichzeitig das Verhältnis der Großfirmen zu den kleineren Firmen (meist Spezialfabriken)
und somit das Stadium der Konzentration erkennen,
das sehr wenig vorgeschritten ist. Über die örtliche
Konzentration ist noch zu sagen[1]), daß von den auf-
geführten Firmen 176 mit 8551 Arbeitern, darunter 6
mit mehr als 200, zusammen 5663 Arbeitern, sich in
Berlin befinden, wo also relativ große Betriebe vorhanden sind.

Die Produktion wird für 1898 auf insgesamt
228,7 Mill. Mark bewertet, von denen 25% auf den Export kommen.

Um die auswärtigen Handelsbeziehungen der Elektroindustrie zahlenmäßig darzustellen, ist nach den Ver-
öffentlichungen des Reichsamts des Innern die nachfolgende Tabelle (s. S. 12 u. 13) zusammengestellt worden.

Die Statistik läßt dabei Starkstromapparate, Meß-
instrumente, Bogenlampen, Heiz- und Kochapparate,
umsponnene Drähte unberücksichtigt. Für diese Fabrikate können schätzungsweise 25 Millionen eingesetzt
werden. Dann ergibt sich 1900 eine Gesamtausfuhr
elektrotechnischer Erzeugnisse von 75 Millionen. (1898
hatte die produktionsstatistische Erhebung des Reichsamts des Innern einen Export von 57 Millionen ergeben.[2])

Werfen wir noch einen Blick auf die finanziellen
Verhältnisse und Ergebnisse der deutschen Elektroindustrie. Die ganze Entwicklung ist aus den nachfolgenden (s. S. 15) von Wagon[3]) gemachten Zusammen-
stellungen zu entnehmen, die sich wesentlich auf Gesellschaften beziehen, deren Aktien an der Berliner Börse

---

[1]) Fasolt a. a. O., S. 196.

[2]) Kreller, Die Entwicklung der deutschen elektrotechnischen
Industrie, S. 29. Leipzig 1903.

[3]) Wagon, Finanzielle Entwicklung deutscher Aktiengesellschaften, S. 180. Jena 1903.

Handelsbilanz Deutschlands für die wichtigsten elektrotechnischen Erzeugnisse im Jahre 1900.

	Maschinen		Feine Bleiwaren (vorwieg. Akkumulatoren)		Kabel und gummi-isolierte Drähte		Telegraphenapparate, Telephone, Mikrophone	
	Einfuhr	Ausfuhr	Einfuhr	Ausfuhr	Einfuhr	Ausfuhr	Einfuhr	Ausfuhr
	Doppelzentner		Doppelzentner		Doppelzentner		Doppelzentner	
Veredelungsverkehr	10 220	5 093	—	—	—	62	—	—
Freihafen Hamburg	144	1 358	—	—	—	346	—	17
Belgien	4 013	6 082	—	470	—	10 137	80	74
Bulgarien	—	90	—	—	—	1 582	—	—
Dänemark	157	2 179	—	1 755	—	6 939	—	97
Frankreich	1 281	10 606	—	—	—	3 511	7	208
Griechenland	—	296	65	—	—	1 243	—	—
Großbritannien	2 390	9 581	—	760	232	8 548	43	706
Italien	580	18 290	—	355	—	14 439	—	84
Niederlande	206	3 729	—	4 019	—	9 029	—	324
Norwegen	118	4 083	73	1 292	—	2 775	—	213
Österreich-Ungarn	20 817	11 969	—	—	—	1 319	22	61
Portugal	—	171	—	—	—	108	—	—
Rumänien	—	1 032	—	—	—	4 267	—	38
Rußland	300	30 765	—	—	—	14 581	8	890
Finnland	—	1 587	—	—	—	1 094	—	23
Schweden	181	4 008	—	1 575	—	9 032	7	75
Schweiz	9 769	4 295	—	—	—	14 580	—	481
Serbien	—	225	—	—	—	—	—	—
Spanien	72	7 630	—	—	—	16 162	—	322
Türkei	—	—	—	—	—	—	—	—

	1	2	3	4	5	6	7	8
Ägypten	—	381	—	—	—	—	—	—
Britisch-Südafrika	—	227	—	—	—	225	—	—
Portug.-Ostafrika	—	—	—	—	—	80	—	12
Deutsch-Ostafrika	—	—	—	—	—	—	—	—
Transvaal	—	588	—	—	—	615	—	—
Britisch-Indien	—	69	—	—	—	—	—	14
China	—	104	—	—	—	13 163	—	34
Kiautschau	—	73	—	—	—	120	—	—
Japan	—	1 217	—	—	—	11 712	—	8
Niederländisch-Indien	—	855	—	—	—	174	—	29
Philippinen	—	—	—	—	—	—	—	12
Argentinien	—	865	—	306	—	3 747	—	95
Brasilien	—	1 071	—	—	—	323	—	175
Britisch-Nordamerika	—	—	—	—	—	250	—	9
Chile	—	2 384	—	—	—	954	—	37
Equador	—	—	—	—	—	—	—	20
Guatemala	—	—	—	—	—	—	—	11
Mexiko	—	2 241	—	1 408	—	2 192	—	60
Peru	—	443	—	—	—	74	—	8
Uruguay	—	415	—	—	—	—	—	33
Vereinigte Staaten	3 434	172	—	572	—	—	—	9
Britisch-Australien	—	69	—	—	—	105	—	62
Seewärts	—	—	—	—	—	800	—	—
Zusammen	43 500	129 178	244	16 079	504	154 440	175	4 283
Wert pro dz	150	180	24		120	180	1 500	1 500
Wert	6 525 000	23 252 000	31 000	2 026 000	60 000	20 077 000	263 000	6 425 000

Einfuhr M. 6 878 000, Ausfuhr M. 51 780 000.

gehandelt werden. Sie umfaßt daher Aktiengesellschaften, welche jedoch numerisch und wirtschaftlich bei weitem überwiegen, und zwar in steigendem Maße gegen Schluß des Jahrhunderts, wo alle großen Firmen in die Form von Aktiengesellschaften überführt worden waren. Die Elektrizitätswerke sind in der Aufstellung mit berücksichtigt, was bei dem engen Zusammenhange zwischen Fabrikation und Gründungstätigkeit berechtigt erscheint.

Für 22 an der Berliner Börse vertretene Gesellschaften ergeben sich 1900 folgende Zahlen[1]):

	in M. 1000	in % des Aktien-kapitals
Aktienkapital	396 700	
Anleihen	184 130	47,07
Ordentliche Reserven .	61 208	15,43
Spezielle Reserven . .	12 571	3,16
Reingewinn	44 651	11,25
Dividenden	34 307	8,64

Das Aktienkapital beträgt hier im Durchschnitt 18,05 Mill. Mark gegenüber 3,27 Mill. Mark bei den 12 an anderen deutschen Börsen vertretenen Gesellschaften. Die übrigen Zahlen für diese zweite Gruppe folgen:

	in M. 1000	in % des Aktienkapitals
Aktienkapital .	39 300	
Anleihen . . .	3 121	7,94
Reserven . . .	7 000	17,81
Reingewinn . .	4 121	10,49
Dividenden . .	3 142	7,95

Für beide Gruppen zusammen betrug im Durchschnitt der Jahre 1883 bis 1900 das Dividendeneinkommen des Aktionärs 8,38 %. Die Dividendenhöhe verteilte sich wie folgt:

0	0—3	3—5	5—10	10—15% der Dividende
5,09	2,54	12,71	62,7	16,96 % der Gesellschaften.

[1]) Wagon a. a. O.

Aktiengesellschaften der Elektrizitätsindustrie.
(Berliner Börse.)

Jahr	Zahl der Gesellschaften	Aktienkapital in Mill. Mark	Anleihen in Mill. Mark	Anleihen in % des Aktien-Kap.	Reserven in Mill. Mark	Reserven in % des Aktien-Kap.	Reingewinn in Mill. Mark	Reingewinn in % des Aktien-Kap.	Verlust in Mill. Mark	Verlust in % d. Akt.-Kap.	Dividenden in Mill. Mark	Dividenden in % des Aktien-Kap.	Es verteilen als Dividende Prozent (Gesellschaften) 0	0—3	3—5	5—10	10—15	15 mehr
1883	1	5,00	0,03	0,60	—	—	0,17	3,48	—	—	0,13	2,67	—	1	—	—	—	—
1884	2	8,00	0,29	3,56	0,01	1,05	0,33	4,16	—	—	0,24	3,03	1	1	—	—	—	—
1885	2	8,00	—	—	0,27	3,36	0,60	7,40	—	—	0,43	5,38	—	—	1	1	—	—
1886	2	15,00	0,75	5,03	0,15	0,99	0,40	2,65	—	—	0,20	1,33	1	—	1	—	—	—
1887	2	15,00	0,75	5,03	0,11	0,75	0,40	2,68	—	—	0,20	1,33	1	—	1	—	—	—
1888	2	22,00	0,75	3,43	0,21	0,97	1,74	7,92	—	—	0,96	4,36	—	—	1	1	—	—
1889	2	22,00	1,23	5,61	2,64	12,01	1,90	8,62	—	—	1,32	6,00	—	—	—	2	—	—
1890	3	23,50	1,36	5,79	3,26	13,86	2,77	11,79	0,30	1,28	1,90	8,09	1	—	—	2	—	—
1891	3	30,20	6,36	21,06	5,11	16,93	2,97	9,82	—	—	2,35	7,78	—	—	1	2	—	—
1892	3	30,41	13,13	43,35	5,13	16,88	2,70	8,88	—	—	2,25	7,41	—	—	1	2	—	—
1893	4	42,45	7,09	16,69	4,83	11,37	3,61	8,51	—	—	3,57	8,42	—	—	—	4	—	—
1894	5	47,00	16,65	35,44	5,78	12,29	6,25	9,29	—	—	4,37	9,08	—	—	—	4	1	—
1895	6	66,79	19,81	29,66	6,25	9,37	8,21	12,29	—	—	6,12	9,16	—	—	—	4	2	—
1896	9	105,60	26,68	25,27	7,49	7,09	13,15	12,45	—	—	8,85	8,38	—	—	1	5	3	—
1897	10	159,69	47,62	29,98	27,98	17,53	20,90	13,09	—	—	15,77	9,87	—	—	—	6	4	—
1898	18	282,20	76,94	27,26	37,57	13,31	29,62	10,50	—	—	21,73	7,70	2	—	3	9	4	—
1899	22	368,95	121,02	32,80	62,33	16,89	43,72	11,85	—	—	33,43	9,06	1	—	2	15	5	—
1900	22	396,70	184,13	47,07	73,78	18,59	44,65	11,25	—	—	34,30	8,64	1	—	2	17	1	—

Die Dividende war demnach im allgemeinen gut, ohne jedoch übertrieben hoch zu sein.

Der Reingewinn betrug in der gleichen Zeit:

8,58 % des werbenden Kapitals,
9,12 % von Aktienkapital und Reserven,
11,15 % des Aktienkapitals.

Der Tiefpunkt der Erträgnisse fällt, wenn man von den ersten Jahren absieht, in das Jahr 1892, der Höhepunkt in das Jahr 1897, wie auch im übrigen wirtschaftlichen Leben der Anfang der neunziger Jahre eine Baisse, die zweite Hälfte derselben einen allgemeinen Aufschwung brachte. Verluste sind kaum entstanden.

Der Kapitalbedarf der Elektroindustrie war ein relativ großer und seine Befriedigung erst durch Aktiengesellschaften ermöglicht worden. Aber auch diese genügten nicht mehr den Bedürfnissen, welche in der späteren Zeit der allgemeinen Unternehmertätigkeit entsprangen. Nach Möglichkeit suchte man sich dadurch zu helfen, daß man die durch Unternehmertätigkeit entstandenen Anlagen zu selbständigen Aktiengesellschaften machte und nun ihre Werte an die Börse brachte, um so wieder flüssige Mittel zu erlangen. Aber nicht immer war dieser Weg gangbar. Er versagte, wo das Objekt zu klein war, um mehr als lokales Interesse zu erregen, war vor allem dem soliden Geschäfte auch dann verschlossen, wenn auf absehbare Zeit eine Verzinsung nicht zu erwarten war. Der letztere Fall war aber bei den in Betracht kommenden Anlagen, vorzugsweise Elektrizitätswerken und Straßenbahnen, die Regel. Man half sich durch das Institut der Trustgesellschaften, mit denen sich seit 1892 alle größeren Elektrizitätsgesellschaften zu umgeben begannen.

Die Gleichmäßigkeit ihres Einkommens ermöglichte diesen Gesellschaften, deren erste Gruppe zur Sicherung der übernommenen Werte auch den Betrieb derselben

übernahm, neben ihrem Aktienkapital, das zur Sicherung
der Abhängigkeit teilweise in den Händen der Muttergesellschaft bleibt, vor allem Obligationen in großen Be-
trägen auszugeben, die das Kapital oft um ein mehr-
faches übersteigen, fest aber nicht sehr hoch verzinslich
sind. Die Obligationen haben somit den Vorteil des
sicheren Einkommens, die Aktien bei guten Erfolgen
gelegentlich der bei Beginn der Ertragsfähigkeit der Objekte erfolgenden Abstoßung durch Emission den reicher
Erträge. In bezug auf Verteilung des Risikos und Er-
trages tritt also eine Kapitalspaltung ein. Die erste Form
der Finanzgesellschaft arbeitet dabei in der Regel ausschließlich für die Muttergesellschaft und übernimmt nur
deren Objekte oder erwirbt fremde Anlagen, wie Straßenbahnen, die durch die Muttergesellschaft elektrisiert
werden sollen. Mehr bankmäßig ist der Charakter der
zweiten Gattung, der Banken für elektrische Unternehmungen. Sie befassen sich in der Regel bereits mit
den größeren Objekten, besonders ausländischen Unternehmungen, nehmen Transaktionen verschiedener Natur
vor und sind zu beiderseitigem Vorteile nicht vollkommen auf die Muttergesellschaft angewiesen. Ihr Sitz
ist vorwiegend das Ausland, die Schweiz oder Belgien,
beides neutrale Staaten, die Bank also für Arbeiten im
Auslande besonders geeignet. Dazu kommen hier die
Erleichterungen durch die Aktiengesetzgebung und ferner
die Entlastung des heimischen Kapitalmarktes, die
wenigstens zu einem Teile eintritt. Auch diese Gesellschaften geben außer den Aktien reichlich Obligationen
aus. Ihre Sicherheit empfangen sie ebenso wie die Be-
triebsgesellschaften durch Ertragsgarantien der Fabrikationsgesellschaften oder dadurch, daß diese bei der
Übertragung einen Pachtvertrag abschließen, der eine
ausreichende Verzinsung gewährleistet, das Risiko also
der Fabrikationsgesellschaft, die Kapitalbeschaffung der
Finanzgesellschaft überläßt.

Beide Formen der Finanzgesellschaft sind von fast
allen Großfirmen der Elektroindustrie angewandt worden,
oft nebeneinander, wie z. B. die Allgemeine Elektricitäts-
Gesellschaft sich 1892 die allgemeine Lokal- und Straßen-
bahn-Gesellschaft angliedert, 1895 die Bank für elektrische Unternehmungen in Zürich, 1897 die Elektrizitäts-
Lieferungs-Gesellschaft gründet.   Ebenso die anderen,
wobei der organisatorische und finanzielle Zusammenhang mehr oder minder eng ist. Wie gerade die Trustgesellschaften, wenn sie zu allzu riskanten Geschäften
genötigt worden waren, oft ein sehr unbequemes Glied
der Fabrikationsgesellschaften sein konnten, wird später
zu zeigen sein, wo sie nicht selten den Zusammenschluß
der Muttergesellschaften erschweren und bei Fusionen
regelmäßig von der Vereinigung ausgeschlossen werden.

Es ist schließlich noch kurz auf die Elektroindustrie
der Länder einzugehen, denen die heimische durch den
Export nahesteht. Auch in den Zeiten der Hochkonjunktur hatte man es nicht unterlassen, sich eine ent-
scheidende Stellung auf dem Weltmarkte zu sichern.
Österreich war fast ganz in Händen der deutschen Gesellschaften, die dort teilweise Filialfabriken unterhielten.
Nur in Ungarn war eine erstklassige Firma, Ganz & Co.,
die auch exportiert. Rußland zeigte ebenfalls einige
Fabriken deutscher Herkunft, war daneben aber ein für
den deutschen Export in erster Linie in Betracht kom-
mendes Land von großer Aufnahmefähigkeit.

In Frankreich und Belgien tritt die Elektroindustrie
meistens nicht selbständig, sondern als Nebenzweig der
Maschinenfabriken auf. Sie ist nur dort von Bedeutung,
wo das nationale Kapital festen Fuß gefaßt hat. In
Italien ist die eigene Industrie bis zu Ende des Jahrhunderts fast gar nicht entwickelt, bedeutend dagegen
der Import deutscher Fabrikate und die deutsche Unternehmertätigkeit. Auch England hatte es im allgemeinen
in der Elektrotechnik zu einer der deutschen ebenbür-

tigen Industrie nicht bringen können. Unerreicht blieb
dagegen die Herstellung der Seekabel, für die England
mit seinen Kolonien ein ausgezeichnetes Absatzgebiet war.

Die Schweiz wies mehrere Firmen mittleren Umfanges auf, die teilweise auch nach Deutschland expor-
tierten, sich jedoch vom Unternehmergeschäft völlig fern-
hielten.

Großzügig war nur die Entwicklung in den Vereinigten Staaten geblieben, die die deutsche noch in den
Schatten stellte. Auf sie soll mit Rücksicht auf die Beziehungen zur deutschen Industrie etwas näher eingegangen werden. Schon 1891 zählte[1]) man hier ca. 2000
öffentliche Beleuchtungsanlagen, d. h. etwa zehnmal soviel
als in ganz Europa. Ebenso war der Umfang des Bahn-
betriebes hier schon zu Anfang der neunziger Jahre ein
enormer; es lassen sich 354 Linien mit 4650 km Gleis
und 4513 Motorwagen feststellen. Auch in der Organisation ging hier die Industrie der abendländischen voraus.
Schon 1890 begann die Zusammenlegung der einzelnen
Gesellschaften zu großen Einheiten, nachdem anfangs
das entgegengesetzte Prinzip verfolgt worden war, wie
z. B. allein Edison für die Ausbreitung seines Systems
zunächst sieben Gesellschaften mit dem Sitze in New
York gegründet hatte. Diese vereinigten sich jetzt mit
noch einigen anderen zunächst zu einer größeren Edison-
Gesellschaft, wie auch anderseits die Thomson Houston
Company sich sechs Gesellschaften angliederte. Beide
schlossen sich dann unter Führung der letzteren, die
über gesunde Tochtergesellschaften in einer ganzen Reihe
von europäischen Staaten verfügte, zu der General
Electric Company zusammen, während auf der anderen
Seite die noch vorhandenen Firmen sich um die Westing-
house-Gesellschaft scharten, mit der man nun jahrelang
einen erbitterten Kampf um die Vorherrschaft führte,

---

[1]) Kreller a. a. O., S. 49.

bis schließlich die Einigung kam. Welche Wunden dieser
Kampf geschlagen hat, geht u. a. aus der Tatsache her-
vor, daß die General Electric Company 1899 40% ihres
Aktienkapitals abschreiben mußte.[1]) Heute dürften beide
Firmen zusammen etwa 70% der Produktion umfassen.
Neben dieser Konzentration findet sich umgekehrt die
Dezentralisation, die dadurch eingetreten ist, daß große
Werke, wie z. B. die Union Iron Works of San Fran-
zisko begannen, ihren Bedarf an elektrotechnischen Ar-
tikeln in eigenen Werkstätten herzustellen, so daß[2]) bei-
spielsweise die genannte Werft 1902 300 Leute mit der
Anfertigung von Maschinen, Motoren, Schalttafeln, Ruder-
maschinen, Turmdrehmaschinen und anderer Speziali-
täten beschäftigte. Ähnliches besteht bei der Western
Union Telegraph Company, New York Edison Company,
Boston Elevated Railroad Company, Pacific States Telephone Company und vielen anderen. Über den Charakter der Industrie im allgemeinen schreibt[2]) Erich
Rathenau 1896:

»Allgemein möchte ich den Eindruck der gegenwärtigen Lage der amerikanischen Elektrotechnik dahin
zusammenfassen: Auf die Epoche rapiden Aufblühens
der Technik von 1880/90 ist die ruhigere Periode des
wirtschaftlichen Aufbaues gefolgt. Obwohl dieser durch
die allgemeine Depression nicht weniger als durch die
ungesunde Verfassung der Hauptunternehmungen auf-
gehalten wird, sind frische Anläufe auf technischem wie
auf kommerziellem Gebiete allenthalben wahrnehmbar.
Bei der enormen Aufnahmefähigkeit des amerikanischen
Marktes und der unbändigen Unternehmungslust der Industrie ist ein erneuter Aufschwung in den nächsten
Jahren so gut wie sicher. Ob aber Amerika jemals die
Führung in der elektrotechnischen Großindustrie übernehmen wird, ist höchst fraglich.«

[1]) Elektrotechnische Zeitschrift 1899, S. 429.
[2]) Elektrotechnische Zeitschrift 1896.

Die amerikanische Statistik[1]) läßt folgende zahlen-
mäßige Entwicklung erkennen:

Electrical Apparatus and Supplies.

	1900	1890	1880	Steigerung in % 1890/1900	Steigerung in % 1880/90
Zahl der Werke . .	580	189	76	206,9	148,7
Kapital . . . . $	83130943	18997337	1509758	337,6	1158,3
Zahl der Beamten .	4987	683	?	630,2	
Gehälter . . . . $	4563112	849138		437,4	
Arbeiter	40890	8802	1271	364,6	592,5
Gesamtlöhne . . $	20190344	4517050	683164	347,6	561,2
Männer über 16 Jahre	34150	7289	1132	368,5	543,9
Löhne derselben . $	18369228	4082847		349,9	
Frauen, 16 Jahre und mehr	6158	1469	72	319,2	1940,3
Löhne derselben . $	1701110	426660		298,7	
Kinder unt. 16 Jahren	582	44	67	1222,7	34,3
Löhne derselben . $	120006	7543		1491,0	
Verschied. Ausgaben	6788314	1154462		488,0	
Material . . . . $	48916440	8819498	1116470	454,6	689,9
Wert der Produkte $	91348889	19114714	2655036	377,9	619,9

Bei den 1900 gezählten 580 Werken läßt sich noch
hinsichtlich des Umfanges folgende Gliederung erkennen.

Es hatten: 17 Betriebe keine Angestellte
99 » unter 5 »
194 » 5—20 »
128 » 21—50 »
60 » 51—100 »
49 » 101—250 »
29 » 251—500 »
6 » 501—1000 »
6 » über 1000 »

von den letzteren waren
2 in Illinois,
1 in Massachusett,
2 in New York.

_____
[1]) 12. Census Bulletin der V. St. v. N.

Damit kann die Periode abgeschlossen werden, die für die deutsche Elektrotechnik die Zeit des Aufschwungs ist. Den inneren Ursachen desselben treten wir noch im nächsten Abschnitte näher.

Die Krise.

Während der Anfang der neunziger Jahre noch durch eine flaue Tätigkeit gekennzeichnet ist, setzte 1894 eine Haussebewegung ein, die, immer lebhafter werdend, bis zum Schluß des Jahrhunderts eine so umfassende industrielle und kommerzielle Beschäftigung mit sich brachte, daß die Unternehmungslust immer neue Anläufe machte und schließlich jede Vorsicht, jedes Rechnen mit einem Umschlage der Konjunktur beiseite gelassen wurde. Kein Wunder, daß die ganze Bewegung bei der schließlichen Ernüchterung mit einer Krise abschloß, deren Heftigkeit und Dauer alle Erwartungen übertraf, und die die Konzentration des Kapitals und der Produktion lebhaft förderte.

Die Gründe der günstigen Konjunktur sind nicht leicht in wenige Worte zu fassen. Anspornend wirkte die günstige Lage des Kapitalmarktes, hervorgerufen durch das Zurückströmen an das Ausland gegebener Gelder und die lebhafte Steigerung der Goldproduktion, die[1]) 1894 760 Mill. Mark, 1899 1287 Mill. Mark förderte, die von 1891 bis 1900 den monetaren Goldvorrat um $^2/_5$ vermehrte und für Deutschland von 1894 bis 1899 eine Goldeinfuhr brachte, die die Ausfuhr um 571 Mill. Mark übertraf. Technische Fortschritte taten das ihrige, speziell bei der Elektrotechnik, wo jetzt zu dem bisher bearbeiteten Beleuchtungswesen die Kraftübertragung trat. Damit war ein Anwendungsgebiet erschlossen, das nicht

---

[1]) Verein für Sozialpolitik, Störungen im deutschen Wirtschaftsleben während der Jahre 1900 ff. Bd. 110: Hecht etc., Geldmarkt und Kreditbanken. S. 5.

nur für die Elektrotechnik reichliche Beschäftigung
brachte, sondern auch der Industrie eine gesteigerte
Tätigkeit ermöglichte. Im Hüttenwesen lernt man die
Gichtgase direkt verwerten, reformiert den Antrieb der
Walzenstraßen und schafft zentrale Stromerzeugungs-
anlagen. Ebenso vermehren sich die Zentralen und ihre
Anschlüsse. Für Preußen läßt sich das Wachsen der
für diese Zwecke verwendeten Dampfkraft erfassen[1]),
durch welches die Beschäftigung der Elektroindustrie nicht
minder gekennzeichnet wird, als der allgemeine gewerbliche Aufschwung.

**Dampfmaschinen zur Erzeugung von Elektrizität
in Preußen.**

Jahr	Zahl	Pferdestärken
1896	2458	157 432
1897	2837	191 935
1898	3305	258 726
1899	3776	333 342
1900	4269	403 314
1901	4638	490 961
1902	4928	573 405

Dasselbe Bild erhalten wir bei einem Blick auf die
Entwicklung der Zentralen und elektrischen Bahnen.[2])

Elektrizitätswerke in Deutschland.

	1895/96	1900
Zahl der Werke · · · · · · · · · ·	180	774
› › angeschlossenen Glühlampen	662 986	2 623 893
› › angeschlossenen Bogenlampen	15 396	50 070
› › Motorenpferdestärken · · ·	10 254	106 368
Leistungsfähigkeit in Kilowatt · · · ·	40 471	230 058

[1]) Elektrotechnische Zeitschrift 1902, S. 1138.
[2]) Verein für Sozialpolitik a. a. O., Bd. 107, Steller, Maschinenindustrie; Loewe, Elektrotechnische Industrie, S. 81.

Elektrische Bahnen in Deutschland.

	1895/96	1900
Zahl der Bahnen	47	156
› › Streckenkilometer	583	3 689
› › Gleiskilometer	854	5 308
Leistungsfähigkeit in Kilowatt	18 560	92 498

Überall bürgert sich der elektrische Antrieb ein, bei der Kraftversorgung einzelner Maschinen oder ganzer Werkstätten und Gebäude. Das Kleingewerbe will nicht hinter den Fabriken zurückstehen. Enorme Anforderungen treten daher an die elektrotechnische Industrie heran, und Schlag auf Schlag folgen Neugründungen von Fabrikationsstätten. Die alten Gesellschaften vergrößern ihre Anlagen in raschem Tempo, geben jährlich Millionen für die Beschaffung neuer Produktionsmittel aus. Der Werkzeugmaschinenbau empfängt neue Anregungen; der Bau der Dampfmaschinen, Dampfkessel und Gasmotoren, der Pumpen und Hilfsmaschinen blüht bei der großen Zahl der neugeschaffenen Zentralen. Die Eisengießereien finden flotte Beschäftigung, der Bau der Hebezeuge neue Hilfsmittel, die weitere Verwendungsgebiete erschließen. Der deutsche Eisenbedarf pro Kopf der Bevölkerung vermag einen Anhalt für die allgemeine Tätigkeit zu geben.

Eisenbedarf pro Kopf der Bevölkerung.

1895	1896	1897	1898	1899	1900
71,9	90,1	104,1	105,8	128,4	131,7 kg.

Speziell der Entwicklung der Elektroindustrie entspricht der Verbrauch an Kupfer, teilweise der an Blei.[1]

Jahr	Verbrauch in Tonnen an		Jahr	Verbrauch in Tonnen an	
	Rohkupfer	Blei		Rohkupfer	Blei
1895	63 813	111 652	1898	97 014	155 372
1896	79 438	121 980	1899	97 664	160 369
1897	89 798	129 898	1900	108 927	172 940

[1] Berichte der Frankfurter Metallgesellschaft.

Mit den steigenden Leistungen wächst das Geld-
bedürfnis der Industrie. In zunehmendem Maße werden
Aktien und Obligationen alter und neuer Gesellschaften
emittiert.

In Deutschland emittierte Effekten.[1]

Jahr	Nennwert	Kurswert
	Millionen Mark	
1894	1420	1429
1895	1281	1375
1896	1818	1896
1897	1806	1945
1898	2122	2407
1899	2233	2612

Emissionen von Industrieaktien.[2]

Jahr	Nennwert	Kurswert
	Millionen Mark	
1894	60	79
1895	161	223
1896	245	334
1897	191	318
1898	310	521
1899	516	861

Die gute Konjunktur läßt auch das weitere Publikum
Gefallen an den riskanten aber ertragreichen Industrie-
papieren finden, was sich in einem steigenden Agio zeigt.
Man scheint ein endloses Klettern der Kurse zu erwarten und diskontiert die zukünftigen Erträgnisse.

Emissionsagio der Industrieaktien im Durchschnitt.

1892	1893	1894	1895	1896	1897	1898	1899
14,7	28,1	31,0	38,6	36,1	66,7	67,7	66,9 %

In hervorragendem Maße ist die Elektroindustrie
am Kapitalbedarf beteiligt. 1899, im Jahre des größten

---

[1] Verein für Sozialpolitik, Bd. 110, S. 22.
[2] Verein für Sozialpolitik, Bd. 110, S. 23.

Bedarfes, entfallen[1]) von den in Berlin emittierten Werten
dem Kapitalreinanspruch nach 22,47 % auf die Industrie,
darunter allein 6,31 % auf die Elektroindustrie, denen
noch 2,87 %, die Emissionen für Straßenbahnen, hinzuzurechnen sind. Daß diese somit 28 respektiv 36 % des
Bedarfes der gesamten Industrie beanspruchen muß,
mehr als das ganze Berg- und Hüttenwesen, 60 mal so
viel als die chemische Industrie, ist der eigenartigen
Betätigungsweise dieser Branche zuzuschreiben. Sie ver-
sorgt nicht nur den Markt, sie erleichtert auch den Absatz ihrer Fabrikate durch Kredite, durch Garantien.
Sie ergreift selbst die Initiative auf neuen Gebieten und
fianziert solche Unternehmen, die einmal unmittelbare
Abnehmer für Maschinen, Apparate Kabel und Zubehör
sind, daneben aber auch, wie z. B. die Elektrizitätswerke,
indirekt für den Absatz ihrer Erzeugnisse, als Bogenlampen, Glühlampen, Motoren und Installationsmaterial
arbeiten. Jedoch das Unternehmergeschäft war ein zwei-
schneidiges Schwert, wenn der Finanzier sich von dem
Optimismus des Kapitalmarktes anstecken ließ. Die Zeit
der akuten Krise zeigte, wie oft diese Geschäfte ohne
eine sichere Basis betrieben worden waren, wie sie selbst
bei gleichbleibender Konjunktur jahrelang hätten ertrag-
los bleiben müssen; der eintretende Niedergang der
Geschäftslage mußte um so schlimmere Katastrophen
im Gefolge haben.

Wesentlichen Anteil an dieser Verschlechterung des
Geschäftsganges hatte die Überproduktion, die, teilweise
schon während der Hausseperiode vorhanden, im allgemeinen der großen Unternehmungslust dieser Epoche ihre
Entstehung verdankte. Neue Werke waren entstanden,
alte vergrößert worden. Gleichmäßig suchten schwere und
leichte Industrie immer mehr Waren auf den Markt zu
werfen, den man für unersättlich zu halten schien. Die
Elektroindustrie ging dabei allen voran und machte teil-

---

[1]) Eberstadt, Der deutsche Kapitalmarkt. Berlin 1901. S. 100

weise noch den besonderen Fehler, die Fabrikation lokal
zu dezentralisieren, Tochterwerke nicht nur im Auslande,
sondern auch im Inlande anzulegen, wozu sie oft auch
durch kurzsichtige Kommunalverwaltungen gezwungen
wurde, die bei Abschlüssen auf Zentralen, also einmalige
Lieferungen, die Anlage einer Zweigfabrik forderten und
so die »Fabrik auf Rädern« schaffen. Die erweiterten
Werke vermögen nach ihrer Inbetriebnahme in relativ
größerem Maße zu produzieren, so daß die Leistungsfähigkeit dem Konsum voraneilt. Die Überproduktion
mit allen ihren Schrecken tritt auf den Plan. Die Preise
sinken auf ein Niveau, das auch einen bescheidenen
Nutzen verhindert. Sinkende Verkaufspreise sind immer
ein Ansporn zur Verbesserung der Produktionseinrich-
tungen. Man drückt die Generalunkosten, stellt arbeit-
sparende Vorrichtungen auf. Aber nur der Große vermag dies bei der nun sinkenden Konjunktur zu tun,
vermag noch in schlechten Zeiten seine Produktion zu
vergrößern, das einzige jetzt mögliche Mittel zur Erzielung eines rationelleren Betriebes. Die Folge ist eine
noch weiter gehende Sättigung des Marktes, ein noch
größerer Rückgang, besonders der kleineren Werke, die
jetzt spüren, eine wie große Überlegenheit die Konzentration zu begründen vermag, trotz der Rührigkeit der
kleinen Unternehmer, ihres geringeren Schematismus,
ihrer größeren Anpassungsfähigkeit. Dabei steigen die
Löhne, und zwar[1] 1897 durchschnittlich um etwa 25%,
1898 um 10 bis 15%, 1899 um 5%. Der Bericht der
Ältesten der Kaufmannschaft konstatiert 1897, daß »an
der rapiden Steigerung der Löhne handwerksmäßig aus-
gebildeter Arbeiter hauptsächlich die sehr bedeutende
Vergrößerung der elektrotechnischen Gesellschaften Ur-
sache« gewesen ist. Ebenso gesteigerte Preise fast aller
Rohmaterialien, deren Bewegung in keinem Verhältnisse
zu der Bewertung der Fertigfabrikate steht, die dauernd

---

[1] Verein für Sozialpolitik a. a. O., Bd. 107, S. 92.

sinkt, und der jetzt nicht mehr durch Unternehmungen
entgegengearbeitet werden kann.

Preise der Rohmaterialien.[1]

Jahr	Gestückte Kohle pro t M.	Mansfelder Kupfer pro dz M.	Standardkupfer (London) pro t £	Blei pro dz M.	Gußeisen (Düsseldorf) pro t M.
1895	9	98,8	42,19,7	22,3	63,7
1896	9	105,9	46,18,1	24,4	65,3
1897	9,4	107,2	49, 2,7	26,1	67
1898	9,7	114	51,16,7	27,5	67,3
1899	10	160	73,13,9	32,1	81,6
1900	13,6	160	73,12,6	37,1	101,4

Als mit einsetzender Baisse die Preise der Materialien, soweit sie nicht von kräftigen Organisationen
gehalten werden, sinken, stehen wiederum die Werke,
die man vorher gezwungen hatte, sich auf längere Zeit
einzudecken, vor entwerteten Lagern und tragen neue
Verluste. So büßt Schuckert 1901/02 1 Mill. Mark ein.[2]

Auf dem Geldmarkte, der übermäßig in Anspruch
genommen worden ist, und jetzt unter den Wirkungen
des Börsengesetzes, daneben unter dem südafrikanischen
Kriege leidet, tritt eine Versteifung ein. Der Zinsfuß
der Obligationen der Elektrizitätsgesellschaften steigt von
4% auf 4½%, auf 5%. Der Reichsbankdiskont erreicht
am 19. Dezember 1899 7%, den höchsten Stand seit der
Gründung. Kaum beginnt er herabzugehen, so treten
neue Komplikationen ein.

Diskontsätze im Jahresdurchschnitt.

	1898	1899	1900	1901
Reichsbankdiskont . .	4,27	5,04	5,33	4,10
Privatdiskont	3,55	4,45	4,41	3,06

[1] Verein für Sozialpolitik a. a. O., Bd. 107, S. 101. Berichte
der Metallgesellschaft, Frankfurt.

[2] Verein für Sozialpolitik a. a. O., Bd. 107, S. 109.

Den Spielhagenbanken folgte im Mai 1901 die
Pommernbank. Im Juni riß der Konkurs der Aktiengesellschaft Elektricitätswerke vorm. Kummer die Dres-
dener Kreditanstalt für Handel und Industrie mit sich,
die wiederum die äußere Veranlassung zur Zahlungseinstellung der Leipziger Bank war. Als jetzt deren Beteiligung an der Trebertrocknung und anderen riskanten
Geschäften bekannt wurde, kam es zu einer Ernüchterung, zu einer Angst des Publikums, welche es jedes
Vertrauen verlieren ließ und Runs herbeiführte, die be-
kanntlich eine Berliner Effektenbank zwangen, in wenigen
Tagen 60 Mill. Mark Depositen auszuzahlen, die Reichs-
bank veranlaßten[1]), in der letzten Juniwoche 1901
392 Mill. Noten und Metallgeld zu Kreditzwecken heraus-
zugeben. Auch solide Institute mußten in Bedrängnis
geraten und ihre Liquidität in einem Augenblicke ein-
büßen, als die Industrie ganz besonders ihrer Hilfe bedurfte.

Bei der Elektroindustrie kamen zu allem noch die
Sünden, die im Unternehmergeschäft begangen worden
waren, und die nun bei der allgemeinen Depression an
den Tag kamen. In der Zeit der Hausse hatte man
alles mit dem Segen des elektrischen Stromes beglücken
wollen. Dörfer erhielten ihre Zentralen, Straßen, die
nicht ein Pflaster wert gewesen waren, eine elektrische
Bahn. Der Mißerfolg konnte nicht lange auf sich warten
lassen. Je nach der Organisation des Geschäftes brachte
er entweder die optimistischen Bilanzen ins Wanken
oder erforderte die Erfüllung von Garantien, die den
Gewinn zum Teil nicht wenig beeinträchtigten. Die
Aktiengesellschaft vorm. Schuckert, der schon 1901
durch die Zahlungseinstellung der Leipziger Bank die
Auszahlung der Dividende unmöglich gemacht wurde,
erzielt 1902 durch eine kritische Bilanzierung eine Ver-
mögensverminderung von 22 Mill. Mark und weist

---

[1]) Verein für Sozialpolitik a. a. O., Bd. 110, S. 77.

15 Mill. Mark Unterbilanz auf. Helios zeigt die letztere
in Höhe von 8,84 Mill. Mark und legt seine Aktien im
Verhältnisse 5 : 1 zusammen. Kummer macht vollständig
bankrott. Die Aktiengesellschaft vorm. Lahmeyer zeigt
1901/02 2½ Mill. Unterbilanz. Siemens & Halske, die in
ihrem Schwachstromgeschäft eine Risikoverteilung besitzen, bleiben zwar unerschüttert, müssen aber in einem
Jahre 1¼ Mill. Mark aufwenden, um ihren Garantiever-
pflichtungen nachzukommen.[1] Nur die Allgemeine
Elektrizitäts-Gesellschaft, die den anderen im Unternehmergeschäft vorangegangen war, stand ihnen wie der
Meister dem Zauberlehrling gegenüber. Sie war vor-
sichtig gewesen, hatte große Reserven angesammelt und
sich liquide gehalten. Sie zahlte 1901/02 12%, 1902/03
8% Dividende. Die »Welt am Montag« entnimmt am
27. Januar 1902 den Bilanzen der vier großen Gesellschaften folgendes Situationsbild:

Bilanzen.

	A. E. G.	Schuckert	S. & H.	Union
Aktienkapital	60 000 000	42 000 000	54 500 000	24 000 000
Obligationen 4% . .	13 858 500	20 000 000	20 000 000	—
» 4½% .	15 000 000	15 000 000	10 000 000	10 000 000
Reserven	22 000 000	16 700 000	9 356 000	2 430 000
Maschinen, Werkzeuge, Modelle, Patente . .	11	7 100 000	9 487 886	2 337 165
Flüssige Mittel . . .	17 500 000	1 600 000	10 100 000	43 000
Kreditoren	7 719 000	27 925 000	16 413 000	16 160 000
Dividenden 1896/1897	15	14	10	1897 12
1897/1898	15	14	10	1898 12
1898/1899	15	15	10	1899 10
1899/1900	15	15	10	1900 10
1900/1901	12	—	8	1901[1] 7
				[1] geschätzt
Kurswert ca.	190	120	145	127
Verzinsung nach der letzten Dividende .	6,3	—	5,5	5,5

[1] Kreller a. a. O., S. 25.

In einem Nachtrag macht sie noch auf eine nicht
aufgeführte Spezialreserve der Allgemeinen Elektrizitäts-
Gesellschaft in Höhe von 6½ Mill. Mark aufmerksam.
Man erkennt den angespannten Status der beiden weniger
großen und weniger vorsichtigen Firmen. Die flüssigen
Mittel stehen fast in umgekehrten Verhältnissen zu den
Verpflichtungen, die bei Schuckert besonders groß sind.
Am liquidesten ist die Allgemeine Elektricitäts-Gesellschaft, die offene Reserven in halber Höhe des Aktienkapitals zeigt und über beträchtliche Bankguthaben ver-
fügt, während bei der Union sich unter den Kreditoren
auch Banken befinden, die Vorschüsse gewährt haben.
Wie verstimmt die Börse ist, läßt sich aus der Einmütig-
keit entnehmen, mit der alle Kurse fielen.

Kursstatistik.

		Höchstes	Niedrigstes	Ultimo	Dividende %
Siemens & Halske	1900	180,5	155,6	155,6	10
	1901	160,5	140	141	8
	1902	147,6	108,75	121,25	4
Allg. El.-Ges. . .	1900	267,8	189,75	190	15
	1901	212,25	169	180	12
	1902	201	163,3	177,5	8
Union	1900	165,5	129	132	16
	1901	132,25	104	120	10
	1902	134	108	119	6
Schuckert . . .	1900	240,6	165,75	165,75	15
	1901	174,25	87,5	97,5	0
	1902	125	70,5	70,25	0
Lahmeyer & Co. .	1900	173,25	134,25	141	11
	1901	147,25	101,0	111,75	10
	1902	123	67	72,25	0
Helios	1899	182,5	154,1	150,75	11
	1901	93,7	32	34,75	0
	1902	45	7	9,40	0

		Höchstes	Niedrigstes	Ultimo	Dividende %
Kummer . . .	1899	211	144	159	11
	1901	168,75	0,80	1	0
	1902	5	0,40	1,5	0
A. A. G. Hagen .	1900	144	117	125,1	10
	1901	129	110,25	124,25	10
	1902	130,25	111,50	125,0	10
Boese	1900	143	114	125,25	10
	1901	137,75	96	104,5	11
	1902	112,25	68	76	4
Mix & Genest .	1900	289	181,75	198,25	10
	1901	191,5	141	169	12
	1902	164,25	124	135,5	14

Vgl. Neumanns Kurstabellen.

Man sieht hieraus, wie unmotiviert die Börse urteilt.
Siemens & Halske und Allgemeine Elektricitäts-Gesell-
schaft-Werte sinken beide stärker, als dem Rückgehen
der Erträgnisse und dem inneren Werte entspricht. Die
Aktien von Mix & Genest sinken sogar bei steigenden
Erträgnissen. Die Börse ist eben skeptisch gegenüber
allen. Nur die A. A. G. Aktiengesellschaft Hagen, die,
Siemens & Halske und der Allgemeinen Elektricitäts-
Gesellschaft nahestehend, das Ergebnis eines Konzen-
trationsvorganges ist, zeigt neben gleichbleibenden Erträgnissen einen ziemlich festen Kurs. Daß die allgemeine
Abneigung sich nicht nur auf die Elektroindustrie, sondern auf die gesamte Industrie bezog, zeigt umgekehrt
die Bewegung der festverzinslichen Papiere, deren Beliebt-
heit steigt[1]):

Kursstatistik.

	Ende 1898	1899	1900	1901	1902
3 % Preußische Konsols . . .	94,7	88,7	87,5	90,4	91,7
3¹/₂ % » » . . .	101,6	97,9	97,2	101,1	102
3 % Sächsische Staatsrente . .	91,9	86,2	84,5	88,7	89,6
3% Bayer. Eisenb.-Obligationen	93,4	88,25	85	90	91,5

[1]) Neumann, Kurstabellen.

Zu diesem krisenartigen Heruntersinken der Industriewerte trug neben der Aufdeckung alter Fehler vor allem auch die überall herrschende Baisse bei, die schwache und starke Firmen fast gleichmäßig traf und überall den Umfang des Betriebes und die Gewinnergebnisse reduzierte. Einen guten Einblick in die Beschäftigung der Industrie gewährt das Verhältnis von Angebot und Nachfrage auf dem Arbeitsmarkte. Nach der Berichterstattung des Jastrowschen »Arbeitsmarkt« lassen sich die folgenden Zahlen geben[1]):

Auf 100 offene Stellen kamen Arbeitsuchende:

Jahr	Jan.	Febr.	März	April	Mai	Juni	Juli	Aug.	Sept.	Okt.	Nov.	Dez.
1896	179,0	147,5	117,7	115,5	130,1	126,7	131,4	127,7	124,4	138,1	163,9	164,4
1897	152,4	139,3	108,1	109,5	120,4	112,0	112,4	111,1	109,8	121,6	148,6	153,3
1898	149,9	134,2	103,5	108,6	114,1	113	112,5	108,5	98,3	114,8	135,0	135,2
1899	131,6	111,1	89,3	95,5	98,9	93,6	100,7	92,5	98,9	109	130,8	131,2
1900	126,3	113,1	99,8	93,4	106,6	108,8	122,2	107,5	110,5	135,3	169,3	177,9
1001	165,8	146,8	122,2	141,4	145,9	148,7	160,9	150,2	147,5	198,1	223,9	240,6
1902	220,2	208,3	148,9	147,5	172	167,8	163,4	161,5	133,6	174,3	225,8	203,9

In Berlin wurden am 1. November 1901 93000 gar nicht oder nur wenige Stunden bei herabgesetzten Löhnen beschäftigte Arbeiter, davon 40760 aus der Bau- und Metallarbeiterbranche, gezählt. Gänzlich arbeitslos sollen 35000 gewesen sein. Für vier Gesellschaften der Elektroindustrie stellen sich die Arbeiterzahlen wie folgt:

Jahr	A. E. G.	S. & H.	Schuckert	Lahmeyer
1900	17 361	15 255	7413	2264
1901	14 644	15 513	6828	2726
1902	14 897	14 659	5365	?
1903	18 278	?	5314	?
	1.10.	31.7.		1.4.

[1]) Verein für Sozialpolitik a. a. O., Bd. 109, S. 1.

Die letzten Zahlen sind jedoch nicht sehr zuverlässig, wenn auch die in den Jahresberichten angegebenen Ziffern zum Teil korrigiert wurden, um sie vergleichbar zu machen. So sind Beschränkungen der Arbeitszeit nicht erkennbar, ebensowenig zeitweise umfangreiche Entlassungen, die bei Siemens & Halske in einem Falle 3000 Arbeiter betroffen haben sollen. Der Rückgang ist jedoch unverkennbar, wenngleich die Allgemeine Elektricitäts-Gesellschaft beispielsweise 1900/01 noch 21850 Maschinen fertigstellt gegen 16418 im Vorjahr, d. h. in einzelnen Artikeln, die von der übrigen Industrie zur Verbilligung des Betriebes beansprucht werden, der Absatz noch nicht gefallen ist. Die Verhältnisse auf dem Arbeitsmarkte der Beamten sind noch ungünstiger als auf dem der Arbeiter. In der Elektrotechnischen Zeitschrift kommen Ende 1901 auf ein Angebot drei Stellengesuche.[1] Neben dem Arbeitsmarkte geben Zahlenreihen einen Anhalt, die das Unternehmergeschäft betreffen.

Entwicklung der öffentlichen Elektrizitätswerke in Deutschland.[2]

	In Betrieb gesetzt	vorhanden		In Betrieb gesetzt	vorhanden
bis Ende 1888	15	15	1897	106	375
im Jahre 1889	7	22	1898	152	527
1890	8	30	1899	138	665
1891	13	43	1900	140	805
1892	22	65	1901	88	893
1893	31	96	1902	62	955
1894	36	132	1903	55	1010
1895	63	195	bis 1. April 1904	18	1028
1896	74	269	Nicht ermittelt	80	1108

[1] Verein für Sozialpolitik a. a. O., Bd. 107, S. 137.
[2] Verein zur Wahrung gemeinsamer Wirtschaftsinteressen der deutschen Elektrotechnik: Die Geschäftslage der deutschen elektrotechnischen Industrie 1904 und 1905.

Auch der Preisdruck wird infolge des Kämpfens um Beschäftigung, des Hereinbringens der Aufträge um jeden Preis unerträglich, zumal die Preise der Rohmaterialien nicht parallel gehen. Mitte 1902 wird der Preisrückgang gegen Mitte 1901 auf 20—25% geschätzt. Bestellungen sind ebensowenig erhältlich wie Kapital zu neuen Unternehmungen. Jede Gesellschaft ist auch gezwungen, bei der allgemeinen wirtschaftlichen Depression, deren Ende noch nicht abzusehen ist, eine weitgehende Reserve zu beobachten, um nicht in unbequeme Verhältnisse zu geraten. Der Rückgang ist daher ein bedeutender und stetiger. Zahlenmäßigen Anhalt gibt eine Tabelle, die zwar neben den elektrotechnischen auch die Gasgesellschaften umfaßt, im wesentlichen aber ein (etwas abgeschwächtes) Bild der Lage der Elektroindustrie darbietet.[1]

Rentabilität der Elektroindustrie + Gasgesellschaften.

Jahr	Erstes Halbjahr			Zweites Halbjahr		
	Kapital des Vorjahres	Dividende	= %	Kapital des Vorjahres	Dividende	= %
1900	467 987 000	47 058 985	10,05	73 650 000	6 276 625	8,52
1901	471 654 000	45 064 070	9,55	443 654 000	25 706 870	5,79
1902	424 654 000	25 143 870	5,92	441 704 000	18 280 555	4,13
1903	431 704 000	17 478 780	4,05	434 204 000	19 257 360	4,44

Wie die Elektroindustrie einst im Mittelpunkt des Aufschwunges gestanden hatte, so war sie jetzt die am stärksten leidende. Es konnte nicht ausbleiben, daß nach Mitteln gesucht wurde, die gemachten Fehler zu beseitigen, die traurige Lage, die rücksichtslose Konkurrenz zu beheben und allmählich wieder bessere Verhältnisse für diese Branche herbeizuführen, deren Niedergang zum nicht geringen Teile Folge eigenen Verschuldens war, und in der daher am ehesten durch eine Re-

---

[1] Calwer, Das Wirtschaftsjahr 1900 ff.

organisation eine Änderung zu erwarten war. Treffend
zeichnet im Oktober 1902 der Geschäftsbericht der Allgemeinen Elektricitäts-Gesellschaft die allgemeine Lage
und die Richtung, in der die Elektroindustrie später in
der Tat mit Erfolg vorgegangen ist.

»Die Bedeutung und Zukunft der Elektroindustrie
als Faktor des modernen Lebens wird durch die Kala-
mität der Industrie nicht verringert; im Gegenteil ist
zu erwarten, daß die durch Besorgnis gesteigerte Em-
sigkeit neue Gebiete und Anwendungen erschließen und
die Kenntnis und Beherrschung der vorhandenen erweitern wird. Wenn auch diese Rückwirkung der elektrotechnischen Industrie zugute kommen wird, eine Gesundung wird schwerlich sofort erfolgen. Fürs erste handelt
es sich darum, dem vorhandenen Zustand ins Auge zu
sehen und das Mißverhältnis zwischen Produktionsfähig-
keit und Konsum rückhaltlos zu konstatieren. Dies
wird dem Kapitalisten heute leichter sein, als vor einem
Jahre, nachdem inzwischen vielfach Ergebnisse und Be-
wertungen in scharfem Kontrast zu mannigfachen hoff-
nungsvollen Erklärungen und Voranssagen getreten sind.
Welche Mittel zu ergreifen sein werden, um unsere Industrie zu konsolidieren, haben wir wiederholt ausge-
sprochen. Ein engeres Zusammenschließen der großen
Firmen wird sich kaum vermeiden lassen, wenn die Verkaufspreise der Erzeugnisse wieder auf ein der Fabrikation lohnendes Niveau gebracht werden sollen. Daß
aber eine Beschleunigung des Zusammenschlusses leicht
zu Übereilungen führen könnte, scheint uns durch die
Tatsache erwiesen, daß noch im Verlauf des letzten
Jahres erhebliche Verschiebungen in der relativen Bewertung der einzelnen Unternehmungen stattgefunden
haben und anscheinend dauernd sich vollziehen. Schon
aus diesem Grunde scheint uns ein klares Erfassen der
Situation die nächstliegende Vorbedingung für spätere
Sanierung.«

Die Konzentrationsbewegung.

Das Ziel einer rationellen Technik ist die Erreichung
größter Leistungen bei Aufwand geringster Mittel. Drei
Dinge sind es, die den Konsumenten in erster Linie
interessieren: die vollständige, die rasche und die billige
Befriedigung seiner Bedürfnisse. Mit anderen Worten,
wenn wir schon Standardware voraussetzen, zahlreiche
Typen, kurze Lieferfristen und niedrige Selbstkosten für
den Fabrikanten. Der Wettbewerb innerhalb der Industrie drängt die in ihr Tätigen, energisch diesen Zielen
zuzustreben, die keineswegs in einer Richtung liegen
und deshalb zu Kompromissen zwingen.

Ein Rückblick auf die verflossenen Jahrzehnte, wie
er für den hier näher interessierenden Zweig der Industrie in ersten Kapitel gegeben wurde, zeigt, in welcher
Weise die Technik zur Durchführung einer rationellen
Betriebsweise geschritten ist. Speziell die Elektrotechnik,
eine der jüngsten der großen Industrien, zeigt deutlich
die Erscheinung, die die neuere Entwicklung der industriellen Produktion kennzeichnet, die Schaffung großer
Einheiten, die Zusammenfassung.

Zunächst die Tendenz zum Großbetriebe. Die Art
und Weise, wie sich die Kostensumme eines Produktes
auf dem Wege von der Gewinnung des Rohmaterials
bis zur Überlieferung an den Konsumenten zusammen-
setzt, zeigt jedem Produzenten, welche Betriebsweise für
ihn die günstigste ist. Die Nachkalkulation ist ihm eine
gewerbliche Betriebslehre, die alle Faktoren einschließlich
der Schwierigkeiten des Absatzes zum Ausdrucke bringt.
Zu einer Zeit, wo die Verständigung ein Werk des
Augenblickes, die Güterbewegung eine Maßnahme von
geringer Schwierigkeit und geringen Kosten ist, das
Verkehrswesen in relativ kurzer Frist gewaltige Umwäl-
zungen erfahren hat, muß auch die Produktionsweise
eine andere werden. Und überwiegend, nicht ausschließ-

lich begünstigt sie die Entstehung großer Betriebe. Ein
Mann von höherer geistiger Kraft vermag seinen Einfluß, seine Tätigkeit auf einen größeren Bereich zu erstrecken. Eine gewerbliche Unternehmung vermag in
verschiedener Art den Zweck ihrer Tätigkeit mit mehr
Mitteln zu erreichen; sie findet mehr Angriffspunkte, wo
sie den Hebel zur Erreichung der anfangs genannten
Ziele einzusetzen vermag. Schon die geringe Spanne
Zeit, die zwischen den beiden letzten Gewerbezählungen
liegt, hat genügt, die Tendenz zum Großbetriebe zahlenmäßig zu demonstrieren. Während die Zahl der beschäftigten Personen um 39,9% zunimmt[1]), wächst die
Zahl der Betriebe nur um 4,6%. Speziell in der Industrie wächst die Zahl der beschäftigten Personen um
34,8%, während die Zahl der Betriebe um 5,4% ab-
nimmt.

Es entfallen auf die Großbetriebe (mehr als 50 Personen):

    1882   1 554 000   = 26%
    1895   2 907 000   = 36%
der gewerblich Tätigen.

Ebenso sehen wir überall ein Zunehmen der Betriebe mit mehr als 1000 Personen.

Betriebe mit mehr als 1000 Personen.

    1882   127 Betriebe mit 213 160 Personen
= 0,00% der Betriebe   2,9% der gewerbl. Tätigen.

    1895   255 Betriebe mit 448 731 Personen
= 0,0% der Betriebe   4,4% der gewerbl. Tätigen.

Zunahme: 100,8%   110,5%.

In den einzelnen Branchen ist die Bewegung wie
folgt:

[1]) Statistik des Deutschen Reiches.

	Es entfallen auf diese Betriebe						Es beträgt die Zahl der			
	im Durchschnitt Personen		% der in der Branche Tätigen		% der Betriebe der Branche		Betriebe		Personen	
	1882	1895	1882	1895	1882	1895	1882	1895	1882	1895
Verarbeitung von Metallen ohne Eisen	—	2201	—	9,1	—	0,0	—	3	—	6603
Verarbeitung von Eisen	1081	1600	0,28	1,6	0,00	0,0	1	5	1081	8003
Bergbau, Hütten, Salinen . . .	1799	1972	34,98	51,9	3,13	4,1	81	141	105723	278081
Chemische Industrie	1901	2251	5,3	13,8	0,02	0,1	2	7	3803	15762
Maschinen, Instrumente, Apparate	1369	2173	5,77	17,9	0,02	0,1	15	50	20536	108690
Telegraphen, Telephonanlagen u. Apparate . . .	—	—	—	—	—	—	—	—	—	—
Elektr. Maschinen und Anlagen .	—	2150	—	33,5	—	0,4	—	4	—	8523

Zumal die Elektroindustrie, die 1882 noch keine Betriebe dieser Klasse zeigt, ist 1895 bereits mit vier Werken vertreten.

Die Entwicklung zum Großbetriebe, die sich parallel der Entwicklung des Gesellschaftswesens bewegt hat, kann in verschiedener Weise vor sich gehen. Nicht nur der Einfluß der Generalunkosten macht es rationeller, die Erzeugung eines Gutes möglichst zu zentralisieren. Auch die Aufwendungen für Lohn sind hier geringere und können geringere sein, obwohl das Einkommen des Arbeiters hier größer ist als im Kleinbetriebe, und obwohl die Aufwendungen für Wohlfahrtseinrichtungen höhere sind. Denn die einzelnen Teile eines Werkes werden zu Spezialfabriken; die Werkstätten dienen der Herstellung eines Artikels und können daher zweckentsprechend (verschieden hoch, verschieden kostspielig) angelegt werden. Sie erhalten Spezialmaschinen,

die nur hier rationell sind, deren Verzinsung nur bei
einer großen Anzahl von ihr zu bearbeitender Stücke
möglich ist. Eine Maschine, die das Zehnfache leistet,
verlangt auch eine viel größere Anzahl Objekte. Eine
Spezialmaschine, die täglich 30 Dynamos einer Größenklasse mit den erforderlichen Bohrungen und Gewinden
versehen kann, ist dort möglich, wo jährlich tausende
dieser Klasse erzeugt werden. Im anderen Falle ver-
teuert sie nur die Produktion und erschwert somit die
Konkurrenz.

Wie die Kosten mit steigender Produktivität und
der mit ihr zusammenhängenden Betriebsverbesserung
sinken, läßt sich am besten bei der Halbfabrikation ver-
folgen, wo die Qualität der Erzeugnisse weniger schwankt.
Philippowich[1]) zitiert Angaben über die Preisbewegung
in der englischen Baumwollspinnerei:

Es betrug der Preis für

	1779	1830	1860	1882	1892
1 Pfd. Garn Nr. 40	192	$14\,^1/_2$	$11\,^1/_2$	$10\,^1/_2$	$7\,^3/_4$ d.
Baumwolle (18 Unzen)	24	$7\,^3/_4$	$6\,^7/_8$	$7\,^1/_8$	$4\,^7/_8$ »
Differenz	168	$6\,^3/_4$	$4\,^5/_8$	$3\,^3/_8$	$2\,^7/_8$ d.

Dabei erzeugte ein Arbeiter:

1819—21	1831	1860	1882
968	1546	3671	5520 engl. Pfd. Garn.

Ebenso das gesteigerte Ausbringen im Hüttenwesen.
Seit 1852 ist der kubische Inhalt der Hochöfen auf das
4,8 fache, die Leistungsfähigkeit auf 33,3 fache das gestiegen; dagegen haben sich aber auch die Anlagekosten pro
Tonne Tagesproduktion verdoppelt.[2]) Ein normaler Hoch-
ofen kostet heute bereits mehrere Millionen. Wie weit
die Produktion eines Artikels zentralisiert werden kann,

---

[1]) Philippowich, Grundriß der politischen Ökonomie, S. 181.
Tübingen und Leipzig 1901.

[2]) Heymann, Die gemischten Werte im deutschen Eisengroß-
gewerbe, S. 13. Stuttgart und Berlin 1904.

mag aus der Tatsache hervorgehen, daß 1891 ein ame-
rikanisches Werk täglich 1600 t Schienen, fast so viel
als alle deutschen Schienenwerke zusammen fabrizierte,
die sich nicht auf diesen Artikel konzentriert hatten.[1)]
Daß bei der gesteigerten Produktion die Unkosten nicht
entsprechend wachsen, zeigt sich in den Angaben einer
Berliner Maschinenfabrik, deren Umsatz 1903/04 um 60%
stieg, während die Zahl der Beamten nur um 15% vermehrt wurde. In einer Werkstätte, die monatlich 500
bis 1000 Elektromotoren herstellte, bewegten sich die
Produktionskosten wie im folgenden angegeben[2)]:

Produktionskosten pro PS.

	1901	1902	1903	1904	Abnahme	
Für 0,5 PS	224	204	194,5	183	18	%
» 1 »	140	125	121	120	14	»
» 2 »	99,5	93	90	86,5	13	»
» 3 »	78,35	74	72	69,5	11,5	»
» 5 »	56,8	53,5	51,2	50,2	11	»

Wie die Spezialfabrik der Werkstätte, die alles macht,
überlegen ist, so die Organisation, die eine Anzahl
solcher Spezialfabriken zusammenfaßt, der einzelnen. Es
vermindern sich die Kosten für die allgemeine Leitung
und für den Absatz der Fabrikate. Eine ganze Reihe
von Fabrikaten, die alle einer Produktionsstufe ent-
sprechen, werden in einem Werke erzeugt. Eine solche
Zusammenfassung verschiedener Artikel enthält eine erhebliche Risikoversicherung. Bei partiellen Konjunktur-
wechseln gleicht eine Branche Mindererträgnisse einer
anderen aus und gewährleistet Stabilität der Umsätze
und des Arbeiterbestandes. Bei der Allgemeinen Elek-
tricitätsgesellschaft werden 1902 der Bau von Dampf-

[1)] Stahl und Eisen 1891, S. 17, 25.
[2)] Rathenau, Der Einfluß der Kapitals- und Produktionsver-
mehrung in der deutschen Maschinenindustrie, S. 23. Jena 1906.

turbinen, Pumpen, Automobilen, die Herstellung von
Eisen- und Stahldraht und anderes aufgenommen, um
entstandene Lücken auszufüllen.

Die zuletzt genannten Betriebe zeigen schon eine
zweite Möglichkeit der Zusammenfassung, das kombi-
nierte Werk. Zu den Kosten für Arbeitslohn und Ge-
nerelles treten bei der Fertigfabrikation — und diese
beschäftigt uns speziell — die für Rohmaterialien und
Halbfabrikate, kurz für alles das, was in einem anderen
Stadium der Produktion und somit bisher in der Regel
in einem anderen Zweige der Industrie hergestellt worden
war. Das Eisenerz kommt aus der Grube zur Hütte,
wo es mit dem Koks zusammentrifft, der schon eine
Umwandlung hinter sich hat, und ergibt hier Eisen,
das nunmehr im Bessemer- oder Thomaswerk zu Stahl
reduziert wird. Die dort produzierte Luppe kann zu
Blechen, Schienen, Trägern, Stäben und anderem ver-
arbeitet werden. Und zum Schluß entstehen Kanonen,
Baukonstruktionen, Maschinen, Schiffe, kurz ungezählte
Arten von Produkten. Die Tendenz geht nun dahin,
nicht nur die Herstellung von Fertigfabrikaten, sondern
auch die aufeinanderfolgenden Produktionsstufen zusammenzufassen. Ein Beispiel für ein Vorgehen in beiden
Richtungen bilden die Werke von Krupp, die einerseits
Kohlengruben, Erzgruben, Koksfabriken, Hochöfen und
Stahlwerke, anderseits die Maschinenfabrikation, den
Schiffbau und die Herstellung von Geschützen betreiben.
Zu dieser Kombination tritt oft noch die Verarbeitung
von Abfällen zu Nebenprodukten, in der Eisenindustrie
von Schlacken zu Eisenportlandzement, zu Pflastersteinen,
von Koksofengasen zu Ammoniak, in der Elektroindustrie
z. B. von verbrauchten Säuren und kupferhaltigem Keh-
richt zu Kupfervitriol.

Die Kombination der Produktionsstufen bringt wieder
eine Verbilligung des Betriebes. Der Fabrikant spart
nicht nur den Unternehmergewinn seines Vorgängers in

der Reihe der Prozesse. Er wird vor allem frei vom Markte, frei von der Spekulation, sicherer im Bezuge seines Materials, sicherer in den Kalkulationen, die er seinen Offerten zugrunde legt. Er ist der Lieferungen gewiß, braucht mit den Anspannungen des Rohmaterialienmarktes nicht zu rechnen und vermag seine Fristen knapper festzulegen und einzuhalten, Vorzüge, deren Ponderabilität dem Kaufmann oft sehr deutlich vor Augen geführt wird, zumal in der Elektroindustrie, deren Konsumenten in bezug auf Lieferfristen und Preise direkt verwöhnt worden sind und kaum noch mit der Fabrikation rechnen. Die Kombination der Prozesse findet sich daher heute überall. Am bekanntesten sind die kombinierten Werke der Mitglieder des Stahlwerksverbandes geworden, der ihr Entstehen als seiner Politik förderlich begünstigte, und deren Verhältnis zu den reinen Werken, die nur eine Produktionsstufe umfassen, genugsam debattiert worden ist. Man hat hier die durch vollständige Betriebskombination zu erzielenden Ersparnisse angegeben. Sie gliedern sich wie fogt[1]):

Gasüberschuß bei der Kokerei M. 1 pro t Koks
direktes Konvertieren . . . » 5 » » Roheisen,
Hochofengasmaschinen . . . » 4 » » Rohstahl,
Auswalzen in einer Hitze . . » 2,50 » » Rohstahl.

Rechnet man 100 kg Koks — 100 kg Roheisen — 85 kg Rohstahl, so ergibt sich eine Ersparnis von M. 3,50 pro t Rohstahl oder ca. M. 15 pro t Fertigfabrikat.

Ähnliches finden wir in anderen Branchen, z. B. im Druckereigewerbe. Die Druckereien gliedern sich Papierfabriken, Schriftgießereien, chemigraphischen Anstalten und Buchbindereien an. Noch eigenartiger ist bei einer Schiffswerft die Angliederung einer Schiffahrtslinie nach Indien, des Reishandels und des Betriebes von Reismühlen. In der Elektroindustrie, wo wir eine

---

[1]) Heymann a. a. O., S. 212.

seltene Zentralisierung einer großen Branche in wenige
Betriebe besitzen, finden wir neben der Zusammenfassung von Werken für die verschiedensten Fabrikate
auch die verschiedensten Produktionsstufen. Die Elektroindustrie, die ja überhaupt wie keine andere innere Beziehungen zu den übrigen Branchen, auch der Fertigfabrikate, dadurch besitzt, daß sie nicht nur Fabrikate,
sondern ganze Anlagen liefert, für die sie oft selbst die
Unternehmung erst organisiert und finanziert, hat auch
äußerlich ein enormes Gebiet gewerblicher Tätigkeit in
ihren Tätigkeitsbereich gezogen. Jeidels[1]) sagt:

›Man kann das Konzentrationsgesetz des Elektrizitäts-
gewerbes dahin zusammenfassen, daß die Elektrizitäts-
gesellschaft alles fabrizieren will, was zur Herstellung
von Elektrizität nötig ist und alle Gewerbe selbst betreiben, für den elektrischer Betrieb und elektrische Einrichtung wesensbestimmend sind.‹

Als Beispiel mag die Gliederung der Allgemeinen
Elektricitäts-Gesellschaft dienen. Sie umfaßt in der
Hauptsache:

I. Elektrotechnische Erzeugnisse.

    1. Dynamos, Motoren, und Transformatoren.

    2. Apparate:

        a) Zähler,

        b) Schaltanlagen,

        c) Kontroller,

        d) Widerstände,

        e) Heiz- und Kochapparate,

        f) Medizinische Apparate,

        g) Telegraphenapparate,

    3. Lampen:

        a) Bogenlampen,

        b) Quecksilberlampen,

[1]) Jeidels, Das Verhältnis der deutschen Großbranchen zur
Industrie. Leipzig 1905.

    c) Glühlampen,

    d) Nernstlampen.

  4. Leitungsmaterialien:

    a) Starkstromkabel,

    b) Telegraphen- und Telephonkabel,

    c) Leitungsdrähte.

II. Allgemeiner Maschinenbau.

  1. Dampfturbinen,

  2. Pumpen,

  3. Gasmotoren,

  4. Automobile,

  5. Lokomotiven,

  6. Gesteinbohrmaschinen,

  7. Werkzeugmaschinen,

  8. Schreibmaschinen,

  9. Wringmaschinen,

  10. Eisenkonstruktionen (Leitungsmaste etc.),

  11. Eisenbahnsignalapparate

III. Halbfabrikate:

  1. Bleche,

  2. Kupferdraht, Eisen- und Stahldraht,

  3. Drahtseile,

  4. Metalltuch,

  5. Gummiartikel,

  6. Hartgummi und Surrogate,

  7. Papierrohre,

  8. Rohguß,

  9. Porzellanteile,

  10. Glasteile.

IV. Rohmaterialien:

  1. Raffiniertes Kupfer,

  2. Regeneriertes Gummi,

  3. Kupfervitriol,

  4. Zirkon,

  5. Seltene Erden.

Man muß dabei beachten, daß jede dieser Abteilungen durchschnittlich 800 Leute beschäftigt. (Im einzelnen sind naturgemäß erhebliche Abweichungen vom Durchschnitt vorhanden, der hier kein richtiges Bild gibt; 1000 Arbeiter in einer Apparatefabrik sind etwas anderes als die gleiche Zahl in einem Walzwerke oder einer chemischen Fabrik.)

Diesen direkt dem Betriebe der Allgemeinen Elektricitäts-Gesellschaft angehörigen Abteilungen wären noch die nicht geringe Zahl derjenigen Unternehmungen hinzuzurechnen, die nur juristisch selbständig sind und die zum Teil bereits außerhalb der Industrie liegen. Man sieht jedenfalls bei der Allgemeinen Elektricitäts-Gesellschaft, die zurzeit 800 Mill. Mark kontrolliert, wie unendlich verzweigt die Tätigkeit eines modernen Großbetriebes ist. Viel umfassend ist auch der Betrieb des Siemens-Konzern, der noch die gesamte Schwachstromtechnik sowie den Betrieb einer Kupfergrube umfaßt.

Dabei sind fast überall Gründe verbesserten Betriebes, größerer Wirtschaftlichkeit oder auch technischen Fortschrittes maßgebend. Der letztere Grund ist z. B. die innere Veranlassung dafür, daß sowohl in Deutschland, der Schweiz und den Vereinigten Staaten der Bau der Dampfturbinen in Händen elektrotechnischer Firmen, nicht von Dampfmaschinenfabriken ist. Daß im einzelnen die extreme Vergrößerung oder zu weitgehende örtliche Konzentration zu Nachteilen führen kann, bleibt unbestritten, ebenso unbestritten die Tatsache, daß eine geschickte Leitung viele dieser Nachteile vermeiden kann. Die Preise der Konkurrenz werden dauernd mit den eigenen verglichen. In kaufmännisch geleiteten Betrieben geben die einzelnen Abteilungen untereinander ihre Offerten in der gleichen Weise ab wie die Konkurrenz, die man nicht selten heranzieht, wenn Transportkosten den Ausschlag geben, oder auch bereits die Halbfabrikate teurer verkauft als anderweitig bezogen werden können, die Qualität der eigenen Erzeugnisse mithin nicht genügend ausgenutzt werden kann. Im allgemeinen siegen die großen Unternehmungen über die kleineren und mittleren, denen sie an Umfang des Kundenkreises und der Umsätze überlegen sind, ohne daß manche Kosten, wie für Verkaufsbureaus und Lager bemerkenswert steigen. Speziell der Wunsch, diese allgemeinen Unkosten zu beseitigen, ließ schon in guten Zeiten den Gedanken an die Fusion aufkommen, die eine spezielle äußere Form der Ausdehnung des Betriebes ist und sowohl gleichartige Werke vereinigt, als auch solche, die sich ergänzen. Die Vereinigung zweier gleichartiger Werke macht den Betrieb nicht wesentlich komplizierter und steigert daher die Generalunkosten bei weitem nicht in dem Maße, wie sie sie an anderen Stellen herabsetzt. Die Fusion ist speziell für die Elektroindustrie von besonderer Bedeutung geworden, die unter hohen Unkosten litt, sich für eine Kontingentierung nach Anteilen oder Produkten, ebenso für eine Zentralisierung des Verkaufes wenig eignete und daher eine andere Form der Einschränkung der Konkurrenz versuchen mußte.

Die Elektroindustrie hatte schon relativ früh, in England zu Anfang der achtziger Jahre, in den Vereinigten Staaten in den neunziger Jahren eine entsprechende Bewegung durchgemacht, jedesmal nachdem eine vorhergehende Periode des Niederganges, der Stagnation oder gar der Krise die Notwendigkeit des Zusammenschlusses stärker betont hatte. Die Konzentration in den Vereinigten Staaten wurde schon im ersten Abschnitte berührt. Sie griff, wie später auch bei uns, auf die industriell abhängigen Länder über, z. B. nach Canada. Die Canadien General Electric Company Ltd. die zur General Electric Company der Vereinigten Staaten in Beziehungen steht, erhöhte von 1901—1906 ihr Kapital von 1,8 Mill. $ auf ca. 4 Mill. $, ist also nur eine mittlere Firma. Sie nahm dabei nicht weniger als 12 Gesellschaften

auf [1]): die Edison General Electric Company, die Edison
Electric Light Company, die Thomson Houston Electric
Company, die Thomson Houston International Electric
Company, Brush Electric Company, die Fort Wayne Electric Company, die Ball Electric Company, die Stanley Electric Manufacturing Company, die Royal Electric Company,
die Canada Foundry Company, die Northey Company
(Dampfpumpen und hydraulische Maschinen), die Toronto
Fence & Ornamental Iron Works Company. So ist allgemein eine lebhafte Tendenz zum Zusammenschluß, die
auch andere Industrien und Gewerbe betrifft. In den
Vereinigten Staaten wurden in Trusts und durch Fusionen, die ja innerlich sehr verwandt sind, festgelegt[2]).

1898	916,2	Mill.	$
1899	2543,4	»	
1900	945,2	»	»
1901	2806,9	»	»
1902	1222,2	»	»
1903	426,0	»	»

Besonders tätig waren die Metallindustrien, speziell
Stahl- und Eisenindustrie.

Bei der deutschen Elektroindustrie war nicht nur
eine Bekämpfung des Preisdruckes, sondern auch die
Erniedrigung der Absatzspesen anzustreben. Die Ab-
satzorganisation der Allgemeinen Elektricitäts-Gesellschaft
gliederte sich 1905 in 32 Aktiengesellschaften und Gesellschaften m. b. H. mit 62 Bureaus im Auslande,
26 Installationsbureaus und 17 Ingenieurabteilungen im
Inlande. Dazu kamen noch die Organisation für den
Absatz an Wiederverkäufer und 29 Überseevertreter. In
wenig geringerem Umfange haben aber auch die anderen
Großfirmen ihre Bureaus, die somit in den Hauptstädten
nebeneinander bestehen und bemüht sind, möglichst

---

[1]) Nach dem Emissionsprospekt.
[2]) Grunzel, System der Industriepolitik, S. 179. Leipzig 1905.

viel Aufträge für die betreffende Firma hereinzubringen, sich also gegenseitig bekämpfen. Eine Fusion einzelner oder aller dieser Firmen mußte daser erhebliche Gewinne in Aussicht stellen.

Aber gerade die Fusion hat mit der Schwierigkeit zu kämpfen, daß zwei Stellen sich zu diesem Schritte entschließen müssen, mit dem mindestens für eine eine gewisse Resignation verbunden zu sein pflegt. Mehr als einmal ist daher alles Vorgehen an Personalfragen gescheitert, oft entgegen dem Interesse der eigentlichen Interessenten. Wer war imstande, das Widerstreben einzelner zu brechen? In guten Zeiten nur der Aktionär, der sich aber gerade dann kaum dazu veranlaßt fühlen wird; in schlechten Zeiten auch derjenige, dessen Hilfe man bedarf, die Bank, die gewerbsmäßige Kreditgeberin. Die letzteren waren es nun, die im Interesse ihrer Klienten und auch ihrer eigenen Gründungen die Konzentrationsbewegung der Industrie mit allen Mitteln förderten, um so auf größere Durchschnittserträge hinzuwirken. Hierzu boten sich ihnen vielfache Mittel durch die verschiedensten Beziehungen, in denen sie zu den einzelnen Werken stehen. Sie sind ihnen die laufenden Kreditoren für die Betriebskredite, sie besorgen die Emissionen, sie vermitteln den Zahlungsverkehr, sie fassen die große Menge der Aktionäre zusammen und vertreten ihre Interessen der Gesellschaft gegenüber auf den Generalversammlungen und auch fordauernd im Aufsichtsrate mit weit mehr Sachkenntnis, als der Durchschnittskapitalist. Oft gehen sie feste vertragliche Verhältnisse ein. Oft binden sie sich nicht und dienen verschiedenen Werken einer Branche. Sie bilden daher auch den geeigneten Vermittler beim Zusammenschluß der Werke, sei es durch eine Fusion, sei es zu einem Verbande. Sie sind in der Lage, auf widerstrebende Werke Pressionen auszuüben, indem sie ihnen den Kredit verweigern, oder auch die Majorität der

Aktien an sich bringen, wie es beim Phoenix geschah,
der mit Gewalt in den Stahlwerksverband gebracht wurde,
als das Interesse der Branche das nur so mögliche Zu-
standekommen des Syndikats verlangte. Daß eine Pression
in guten Perioden schwerer möglich ist, zeigt 1898 das
Scheitern des Versuches einer Fusion zwischen der Aktiengesellschaft vorm. Schuckert und der Union.

Die Bankverbindungen der Elektroindustrie waren
entsprechend deren Ansprüchen besonders lebhaft. Die
Berliner Großbanken dominieren dabei, was hier natürlich ist. Die folgende Tabelle gibt die Zahl der elektrotechnischen Unternehmungen an, in deren Aufsichtsrat
die sechs Großbanken 1903 in der genannten Weise
vertreten sind.[1]

Deutsche Bank	Diskonto-Ge-sellschaft	Darm-städter Bank	Dres-dener Bank	Schaaff-hausener Bank	Berliner Handels-gesellsch.	
8	4	5	6	6	6	durch Direktoren
5	5	4	8	11	4	durch die eigenen Aufsichtsräte
13	9	9	14	17	10	zusammen
9	4	5	4	5	6	durch Vorsitz oder mehr als 2 Pers.

Nimmt man dazu die Verbindung der Banken untereinander zu festen Konsortien, die in der Regel die
wichtigeren Geldgeschäfte der betreffenden Unternehmungen besorgen, im einzelnen aber wieder verschieden
sind, so ergibt sich eine Fülle von Beziehungen, auf
deren Mobilmachung die den Banken gegenüber mäch-
tigen Werke der Industrien auch keineswegs verzichtet
haben. In einzelnen Fällen sind auch die Banken trei-
bend vorgegangen und haben durch Zusammenfassung
aus verfahrenen Unternehmungen kräftige Faktoren gemacht, wie es besonders in der schweren Eisenindustrie

---

[1] Jeidels a. a. O., S. 170.

mehrfach bemerkbar ist (Differdingen, Aumetz-Friede, Dortmunder Union[1]). Dabei handelt es sich dann um Unternehmungen, bei denen die Bank Gelder zu retten hat oder als Gründerin moralische Pflichten wahrnimmt resp. ihr Renommee .wahrt. Im allgemeinen liegt die Initiative heute wie früher in Händen der Industriellen, die nicht nur eine tiefergehende Kenntnis der Verhältnisse besitzen, die für die einzelnen Phasen der Entwicklung maßgebend sind, sondern auch bei gesunden Verhältnissen über eine viel weiter gehende Bewegungsfreiheit verfügen. Inwieweit sich die Konzentrationsbewegungen in der Industrie und im Bankwesen wechselseitig beeinflußt haben, ist eine Frage, die hier nicht zur Debatte steht. Näher zu erörtern sind noch die Fusionen, mittels derer die drei großen Konzerne entstanden, die heute den weitaus größten Teil der Starkstromindustrie beherrschen.

Konzern der A. E. G.[2]

Die Allgemeine Elektricitäts-Gesellschaft hatte auch in den Zeiten guten Geschäftsganges den Gedanken der Konzentration in jeder Form nicht aus dem Auge gelassen. So waren schon Ende 1896 Verhandlungen mit Ludwig Loewe & Co. Aktiengesellschaft im Gange.[3] Loewe besaß eine elektrotechnische Abteilung, die die von der Union vertriebenen Produkte erzeugte und somit eine Konkurrenz der Allgemeinen Elektricitäts-Gesellschafts-Fabriken darstellte. Man dachte an die Form eines Pools, in den die beiderseitigen Gewinne geworfen und gleichmäßig zur Verteilung gebracht werden

---

[1] Jeidels a. a. O., S. 205 ff.

[2] Hasse, Die Allgemeine Elektrizitäts-Gesellschaft und ihre wirtschaftliche Bedeutung, S. 14. Heidelberg 1902.
Ferner: Literatur 55—63, 66, 67.

[3] Jeidels a. a. O., S. 232.

sollten. In Durchführung dieses Gedankens sollte die
Loewe Aktiengesellschaft ihr Kapital von 7,5 Millionen
um 3 Millionen erhöhen und die neuen Aktien der Allgemeinen Elektricitäts-Gesellschaft zu pari überlassen.
Sie hätte sich also durch Zahlung von 9 Mill. Mark
(ihre Aktien standen über 400) in die Gemeinschaft ein-
gekauft, dagegen bei gleichbleibenden Dividenden etwa
33% Dividende verteilen können. Die Allgemeine Elektricitäts-Gesellschaft konnte außerdem hoffen, aus der
elektrotechnischen Abteilung Loewes infolge Vereinigung
mit den Betrieben der Allgemeinen Elektricitäts-Gesellschaft Fabrikationsgewinne ziehen zu können. Handelte
es sich hierbei für die Firma Loewe wesentlich um
direkte finanzielle Gewinne, so strebte dagegen die Allgemeine Elektricitäts-Gesellschaft nach der Herrschaft
über die Union, die das ausschließliche Recht der Fabrikation auf ihre Gründer Loewe & Co. übertragen
hatte, so daß nunmehr die Allgemeine Elektricitäts-
Gesellschaft ihr Lieferant geworden wäre. Das Projekt kam jedoch infolge von Vorgängen, die sich
außerhalb der erwähnten Gesellschaften abspielten, nicht
zustande.

Schwieriger lagen die Verhältnisse bei den Verhandlungen, die 1901/02 mit der Elektricitäts-Aktiengesellschaft vorm. Schuckert in Nürnberg gepflogen wurden.
Die Firma Schuckert war zwar ein gesundes Unternehmen,
hatte sich jedoch in Zeit des allgemeinen Optimismus
zu weitgehend engagiert, um bei der nachfolgenden
Baisse gegen jeden Angriff gewappnet zu sein.

Neben den reichlich großen, innerlich aber sehr verschieden zu bewertenden Fabrikanlagen, neben guten
technischen Konstruktionen besaß die Gesellschaft eine
sehr mangelhafte Organisation, die einmal wohl der Fa-
brikleitung selbst eine nur mangelhafte Übersicht ge-
stattete, dann die ganze Leitung des Unternehmens zu
sehr in der Hand des optimistischen Generaldirektors

vereinigte. Gegenüber der Kontinentalen Gesellschaft
für elektrische Unternehmungen, von deren Aktien sie
außerdem 19 Mill. Mark besaß, war die Gesellschaft
Ertragsgarantien für Werte in Höhe von 30 Mill. Mark
eingegangen. Der Konkurs der Leipziger Bank, die
geringe Unterstützung von seiten der verbündeten Banken,
wodurch Schuckert genötigt wurde, Kredite sogar in
Amerika zu suchen, mußten daher die Firma nunmehr
einer Anlehnung an ein anderes Unternehmen geneigter
machen als im Jahre 1898, wo der Schaaffhausener Bankverein sie hatte veranlassen wollen, mit ihm zum Loewe-
Konzern überzugehen.[1]) Zu Zeiten anhaltenden Aufschwunges des Geschäftes zeigte die Schuckert-Gesellschaft begreiflicherweise keine Gelüste, auf ihre Selbst-
ständigkeit zu verzichten und empfand es nicht allzu
schmerzhaft, daß der Schaaffhausener Bankverein alle Beziehungen abbrach; war doch Geld auch an anderen
Stellen zu haben. Jetzt nahm man aber besonders in
den Kreisen des Aufsichtsrates die Anregungen zu einem
Zusammengehen mit der Allgemeinen Elektricitäts-Gesellschaft willig entgegen.

Welche rein technischen Vorteile man sich versprach,
läßt die folgende Auslassung erkennen, die wiedergege-
ben werden soll, da sie die bereits vorausgeschickten
Betrachtungen über Rentabilität teilweise ergänzt.[2])

»Das Fusionsprojekt Allgemeine Elektricitäts-Gesell-
schaft-Schuckert, über welches in dem gegenwärtigen
Augenblicke noch verhandelt werden dürfte, unterscheidet
sich in seinem Ziele von ähnlichen Transaktionen, welche
von anderen großen Firmen, wenn auch nicht von Elek-
trizitäts-Gesellschaften, durchgeführt wurden.

Um klarzulegen, von welchen Absichten die leiten-
den Persönlichkeiten dieser beiden großen Firmen geleitet werden, bedarf es einer Betrachtung über die

---

[1]) Jeidels a. a. O., S. 232.
[2]) Hasse a. a. O., S. 14.

augenblickliche Konjunktur, soweit dieselbe die Absatz-
fähigkeit der Erzeugnisse der elektrotechnischen Industrie
zurzeit beeinflußt. Infolge der Überproduktion, welche
sich zum ersten Male empfindlich im Januar vorigen
Jahres bemerkbar machte, als der Bau der großen Zentralen beendet wurde, fielen die Preise für alle elektrotechnischen Fabrikate infolge des gegenseitigen Unter-
bietens der einzelnen großen Firmen auf ein Niveau
herab, bei welchem selbst die am besten eingerichteten
und über eine tadellose Organisation verfügenden Fabriken nicht mehr auf ihre Kosten kommen konnten.
Die Gewinne, die seitdem in Gestalt von Dividenden
zur Verteilung gelangten, sind nicht durch die Fabrikation erzielt worden, sondern stammen teils aus den
Reserven und aus der Abwicklung alter guter Geschäfte.
Der überaus scharfe Preisrückgang mußte um so empfind-
licher empfunden werden, als die Preise der Rohmaterialien und Arbeitslöhne zur gleichen Zeit ihren höchsten
Stand erreicht hatten und einstweilen auch behaupteten
und selbst bis heute nur unwesentlich nachgegeben
haben.

Als ein weiteres ungünstiges Moment, durch welches
der Nutzen noch weiter reduziert wird, machten sich
die hohen Spesen, welche für den Verkauf der fabri-
zierten Gegenstände aufgewendet werden mußten, bemerkbar, die darin ihre Erklärung finden, daß die Konkurrenz, welche in solchen Fällen zu bekämpfen war,
viel zahlreicher und schärfer an der Arbeit war als
zuvor.

Der Selbstkostenpreis jedes fertigen Fabrikates setzt
sich aus drei Faktoren zusammen: 1. dem Wert der Rohmaterialien, 2. den Arbeitslöhnen und 3. den Generalunkosten. Diese letzteren betrugen während der guten
Jahre bei großen Berliner Etablissements bis zu 100%
der gezahlten Arbeitslöhne und sind dazu bestimmt,
sämtliche Geschäftsunkosten zu decken. Bei einem

größeren Geschäftsunternehmen setzen sich die Generalunkosten aus vielen Posten zusammen, von welchen wir
nachstehend die hauptsächlich auf die Selbstkostenpreise
einwirkenden nennen:

1. Allgemeine Handlungsunkosten, 2. Löhne für die
Beamten, Werkmeister und Untermeister, 3. Betriebs-
unkosten; darunter sind die Unkosten zu verstehen,
welche durch die Unterhaltung des Betriebes in den
Werkstätten entstehen, 4. Anfertigung bzw. Neuanschaf-
fung von Werkzeugen, Arbeitsmaschinen oder Repara-
turen an denselben, 5. Reklameunkosten. Kosten für
Ausarbeitungen von Erfindungen und Neukonstruktionen
in den technischen Bureaus und Laboratorien, 6. Steuern,
Reisen, Unterhaltung und Einrichtung von Filialen und
Provisionen, 7. Kosten für Unterhaltung verkaufter Apparate oder in Betrieb befindlicher Anlagen, welche infolge
eingegangener Garantien oder freiwillig im Interesse des
Renommees übernommen werden.

Die Herstellungskosten des fertigen Fabrikates werden
nun erfahrungsgemäß durch die Preise für die Rohmaterialien und durch die Arbeitslöhne wenig beeinflußt,
es kommt außerdem hinzu, daß, wenn diese beiden Sum-
manden fallen, alle Fabrikanten ziemlich denselben
Nutzen davon haben. Die Preise der fertigen Fabrikate
geben dann ganz allgemein nach, und für eine einzelne
Fabrik kann beim Verkauf ein ins Gewicht fallender
Nutzen hierdurch nicht erzielt werden. Es bleiben somit
allein die Generalunkosten übrig, durch deren Reduzierung
Ersparnisse erzielt werden können, und der Zweck
der Fusion der Allgemeinen Elektricitäts-Gesellschaft-
Schuckert ist in der Tat der, die beiderseitige Fabrikation durch ein Zusammenarbeiten zu verbilligen dadurch,
daß sich die Generalunkosten beider Gesellschaften,
welche teils durch die eigentliche Fabrikation, teils durch
den Verkauf der fertigen Fabrikate entstehen, sich ermäßigen.

Es unterliegt keinem Zweifel, daß dieser Zweck
durch die Fusion erreicht werden würde, wie gleich
näher nachgewiesen werden soll, und es ist auch leicht
einzusehen, daß damit ein Vorsprung erreicht wird,
welcher von anderen Firmen nicht leicht hinfällig gemacht werden kann. Augenblicklich, so kann man sagen,
halten sich die Unkosten aller großen Fabriken so ziemlich das Gleichgewicht, der Nutzen, dendie Fabrikation
abwirft, ist gleich schlecht. — Wenn nun zwei Gesellschaften wirklich imstande sind, den wesentlichsten
Faktor, der im Selbstkostenpreis seinen Ausdruck findet,
herabzumindern, so müssen die anderen Fabriken erst
Mittel und Wege finden und suchen, um das Gleiche zu
erreichen, bevor das Gleichgewicht wieder hergestellt
wird. Früher oder später tritt das natürlich ein, und
von da an wird ein weiteres Fallen der Preise wieder
allmählich beginnen, bis wieder weitere Ersparnisse, die
Fabrikation rentabel zu machen, nötig werden.

Der Plan, nach welchem in Zukunft gearbeitet
werden soll, ist folgender:

Die Fabrikation wird unter Berücksichtigung aller
mit sprechenden Faktoren zwischen den Berliner Fabriken und den Nürnberger Werken zweckmöglichst verteilt, gewisse Fabrikate werden ausschließlich in Berlin,
andere in Nürnberg angefertigt, verwandte Fabrikationszweige bleiben zusammen, so könnten z. B. alle Arma-
turen, Leitungsmaterialien und Kabel, Glühlampen in
Berlin, und alle anderen, wie Dynamomaschinen, Motoren, Tranformatoren und Bogenlampen in Nürnberg
hergestellt werden, und zwar wird man die Verteilung
allgemein so vornehmen, daß man jedes Fabrikat dort
fabrizieren läßt, wo die geübtesten und billigsten Arbeits-
kräfte für dasselbe zu haben sind.

Der Vorteil, welcher aus dieser Anordnung ent-
springt, muß außerordentlich groß sein. Es ergibt sich
eine bessere Ausnutzung aller neuen Werkstätten und

dadurch eine Verringerung der oben unter 3. genannten
Betriebskosten. Es werden ziemlich die Hälfte aller
Meister, Vorarbeiter und Aufsichtsbeamten überflüssig,
da zwei Werkstätten für denselben Gegenstand in eine
einzige vereinigt werden können, an Stelle der beiden
Modelle der beiden Fabriken für jeden einzelnen Gegenstand einigt man sich auf ein einziges Modell, hierdurch
werden weitere Ersparnisse erzielt, indem die Gußmodelle,
die Schablonen, die Leeren und viele andere Geräte auf
die Hälfte reduziert werden. Die Stückzahl gleicher
Apparate und Teile derselben, welche fabriziert werden
müssen, wächst bedeutend, hierdurch werden die Akkord-
sätze ermäßigt, und die Folge davon ist, daß der Arbeitslohn langsam fällt und der fertige Apparat sich auch in
dieser Berechnung billiger stellt. Außer den Kosten,
welche auf diese Weise in den Werkstätten und im Betriebe erspart werden, ermäßigen sich die Kosten, welche
für jedes technische Fabrikat durch die Unterhaltung
der technischen Bureaus, Laboratorien und Prüffelder
entstehen. Die Hälfte der Zeichnungen kommt in Fort-
fall allein dadurch, daß beide Fabriken, anstatt zwei verschiedene Modelle für den einzelnen Gegenstand zu
haben, sich nunmehr auf ein einziges beschränken; die
technischen Bureaus und Laboratorien werden vereinigt,
dieselben Erfindungsgedanken, welche bisher in zwei
verschiedenen Fabriken verfolgt und durchgeführt
wurden, um schließlich doch zu ein und demselben Re-
sultat zu führen, werden jetzt in einem einzigen Laboratorium geprüft und durchgearbeitet, an Stelle zweier
neuen Konstruktionen beschränkt man sich auf eine usw.
Man braucht nur noch die Hälfte des Beamtenpersonals
und die Hälfte der Materialien. Die vorhandenen Einrichtungen können reduziert und dafür aber besser ausgenutzt werden, trotzdem in jeder Beziehung dasselbe
geleistet wird. Derjenige welcher weiß, wie außerordentlich hoch die sog. Versuchskostenkonti in jeder Fabrik

zu sein pflegen, kann ermessen, wie wichtig diese Ersparnisse sind, um welche enormen Beträge es sich
hierbei handelt.

Ebenso groß, wenn nicht noch größer als diese in
der Fabrikation zu erzielenden Ersparnisse sind wahr-
scheinlich diejenigen, welche sich in der Organisation
der Gesellschaften und bei dem Verkauf der fertigen
Fabrikate erzielen lassen. An Gehältern für Direktoren,
technisch gebildeten und kaufmännischen Beamten, Tan-
tiemen für den Aufsichtsrat usw. können sicher bedeutende Ersparnisse erzielt werden. Sobald es gilt,
z. B. ein größeres Projekt zur Errichtung einer elektrischen Zentralstation in einer größeren Stadt oder irgend
ein anderes auszuarbeiten, so wurde bislang von jeder
Gesellschaft ein Bureau hiermit beauftragt, die gleichen
Reisen, Besichtigungen, Vermessungen, Konferenzen
unternommen, Berechnungen angestellt, Zeichnungen angefertigt und schließlich je ein Projekt eingereicht. In
Zukunft wird dagegen nur ein einziges Projekt aus-
gearbeitet und abgegeben werden, wodurch sich die
Kosten für Ausarbeitung von Projekten ohne weiteres
für die vereinigten Gesellschaften auf die Hälfte reduzieren. In allen größeren Städten des In- und Auslandes
sind von beiden Gesellschaften Installationsbureaus eingerichtet und unterhalten worden. Dieselben können
vereinigt werden, und die dadurch bislang verursachten
bedeutenden Unkosten werden sich nahezu mit einem
Schlage auf die Hälfte reduzieren. Ähnlich verhält es
sich mit den unvermeidlichen bedeutenden Reklamekosten,
welche von jeder Gesellschaft aufgewendet werden
mußten. Für Inserate in den Fachzeitschriften, für Beteiligungen an internationalen Ausstellungen, für Vor-
träge, für Unterhaltung permanenter Ausstellungen fer-
tiger Fabrikate in allen größeren Städten usw. ergeben sich für die vereinigten Gesellschaften ohne
weiteres die halben Spesen. Die Kosten für die Reisen-

den zur Anknüpfung neuer Geschäfte, für die Revi-
sionsbeamten, Ingenieure zur Kontrolle und Besichti-
gung bestehender Anlagen, für Monteure zur Instand-
haltung gelieferter Waren und im Betrieb befindlicher
Werke werden sich ebenfalls um ein bedeutendes ver-
ringern lassen.

Es ergibt sich aus diesen Ausführungen, daß die
Generalunkosten für die beiden vereinigten Gesellschaften
notwendigerweise sich durch eben diese Vereinigung in
erheblichem Maße reduzieren müßten, einmalige Ersparnisse, welche z. B. dadurch entstehen, daß ein Teil der
Gebäude und Fabriken überflüssig wird und möglicher-
weise vorteilhaft verkauft werden kann, oder aber daß
in denselben neue lohnende Fabrikationszweige aufgenommen werden, sind hierbei noch nicht einmal berücksichtigt worden. Es kann also nicht mehr zweifel-
haft sein, daß die beabsichtigte Fusion die Selbstkosten
der Fabrikate so weit reduzieren könnte, daß zwischen
Selbstkosten und erzielten Preisen das richtige Verhältnis
wieder hergestellt würde, um die Fabrikation so lohnend
zu machen, wie sie sein soll. Es handelt sich bei dieser
Transaktion um die Gesundung der Verhältnisse; denn,
wie schon oben angedeutet, werden hier wirkliche Ersparnisse erzielt, welche anderen Firmen zunächst unmöglich sind. Die Folge davon wird sein, daß andere
Fusionen folgen müssen und kleine Fabriken eingehen,
weil sie nicht mehr konkurrieren können. So bedauer-
lich diese letztere Tatsache an sich ist, so sehr kann sie
aber begrüßt werden, weil die Überproduktion dadurch
eingedämmt wird, schließlich bleiben nur wenige große
Unternehmungen übrig, welche sich bezüglich der Preise
verständigen werden. Wenn die richtigen Männer an
die Spitze dieser Unternehmungen gestellt werden, welche
die Macht nicht zur Ausbeutung der Käufer benutzen,
so ist dieser Weg da, welcher für beide Teile, Fabrikanten und Käufer Vorteil bietet.«

Nur über die Form war man sich zunächst nicht einig. Die Firma Schuckert drängte im allgemeinen zu einer völligen, sofortigen Verschmelzung, während die Allgemeine Elektricitäts-Gesellschaft, die aus den Kreisen ihrer Aktionäre förmlich mit Protesten gegen ein Zusammengehen mit Schuckert bombardiert wurde, zögerte, eine so umfangreiche Transaktion vorzunehmen, ohne in der Lage zu sein, über ihre Wirkung auf die Erträgnisse ein genügend sicheres Urteil zu fällen. Das Ergebnis der Verhandlungen war eine gründlich revidierte Bilanz der Schuckertgesellschaft; sie wies für das eine Geschäftsjahr einen durch veränderte Wertschätzung erzielten Verlust von $20^{1}/_{2}$ Millionen gegen das Vorjahr aus. Damit war zwar eine wesentliche Forderung der Allgemeinen Elektricitäts-Gesellschaft erfüllt; dennoch verliefen schließlich die Verhandlungen im Sande. Die Aktiengesellschaft Schuckert glaubte mittlerweile in die Lage gekommen zu sein, die Anlehnung an die Allgemeine Elektricitäts-Gesellschaft entbehren zu können, und in dieser gewann die Meinung die Oberhand, daß, obwohl Erschütterungen nicht zu befürchten wären, das Schuckertwerk schwerlich ein geeignetes Fusionsobjekt bilde.

Der Konzentrationsgedanke geriet jedoch nicht für einen Augenblick in Vergessenheit. Er richtete sich jetzt auf einen anderen Gegenstand. Die Union Elektrizitäts-Gesellschaft hatte 1898, in den Zeiten intensivsten Betriebs, als gegen 60 Millionen Aufträge vorlagen, die elektrotechnischen Fabriken von Ludwig Loewe & Co. gegen Hergabe von 12 Mill. Mark neuer Aktien zum Kurse von 110% erworben, um so der scharfen Konkurrenz widerstehen zu können. Damit war für die Allgemeine Elektricitäts-Gesellschaft das Interesse an einer Vereinigung mit der letzteren Firma im wesentlichen illusorisch geworden. Man konnte sich jetzt den Umweg sparen und direkte Beziehungen zur Union her-

zustellen versuchen. Die Union Elektrizitäts-Gesellschaft
war 1892 von Loewe und der Thomson Houston International Electric Co. in Boston zu gleichen Teilen (mit
einer Unterbeteiligung von August Thyssen) gegründet
worden unter wesentlicher Anlehnung an die letztere
Gesellschaft, die ihr gegen Gewährung von $\frac{1}{2}$ Mill. Mark
Aktien für unbegrenzte Zeit das ausschließliche Recht
der Verwertung aller bisherigen und zukünftigen Erfindungen und Erfahrungen der Thomson Houston Co.
übertragen hatte. Die Union war dabei jedoch in ihrem
Absatz auf Deutschland, Österreich-Ungarn, Europäisch
und Asiatisch-Rußland, Finnland, Holland, Belgien,
Schweden, Norwegen, Dänemark, Schweiz, Türkei und
die Balkanstaaten beschränkt. Andere Tochtergesellschaften der Thomson Houston Co., die ebenfalls den
Namen Thomson Houston führten, hatten je England,
Frankreich und die Mittelmeerländer zugewiesen erhalten. Die Union hatte ihrerseits für Österreich, Rußland und Belgien unter Mitwirkung einheimischen Kapitals ihre Rechte auf je eine Tochtergesellschaft übertragen. Alle Gesellschaften waren durch Verträge untereinander und mit der Muttergesellschaft auf den ange-
wiesenen Bezirk beschränkt, aber frei, ihr Gebiet durch
Einzelabkommen zu erweitern, wie z. B. die Union
Electrique de Bruxelles von der Thomson Houston de la
Méditerranée (Méditomson) das Recht erlangt hatte,
unter gewissen Voraussetzungen auch in Italien Geschäfte
abzuschließen. Die Allgemeine Elektricitäts-Gesellschaft
hingegen, die früher unter ähnlichen Beschränkungen
gelitten hatte, aber sich 1887 unter großen Opfern davon
befreit hatte, dehnte ihre Tätigkeit auf die ganze Erde
aus, so daß eine völlige Verschmelzung mit der Union
auch bei beiderseitiger Geneigtheit ausgeschlossen erscheinen mußte. Für eine Vereinigung mit der Union
sprach indessen bei der Allgemeinen Elektricitäts-Gesellschaft die hervorragende Stellung, die die Union auf

dem Gebiete der Traktion zu erreichen gewußt hatte,
auf das sie sich von vorne herein fast völlig konzentriert
hatte. Sie hatte hierin die Allgemeine Elektricitäts-Gesellschaft ebenso wie die anderen Großfirmen, begünstigt
durch die amerikanischen Verbindungen, durchaus über-
flügelt, so daß in dieser Hinsicht die Aufnahme der
Union als eine erwünschte Ergänzung erscheinen mußte.
Anderseits stand hinter ihr eine mächtige Bankgruppe,
das Loewekonsortium, das sich aus der Bank für Handel
und Industrie, Bleichröder, Born & Busse, der Diskonto-
Gesellschaft, Dresdner Bank und dem Schaaffhausener
Bankverein zusammensetzte. Welche Bedeutung aber
gute Beziehungen zum Geldmarkte gerade für die Elektrotechnik haben, ist aus dem in früheren Abschnitten
Gesagten erkenntlich. Aber auch der Union und ihrem
Bankenkonsortium mußte jetzt daran gelegen sein, die
Gesellschaft in feste Beziehungen zu einem Unternehmen
treten zu sehen, bei dem die Engagements in einem
günstigeren Verhältnisse zu den vorhandenen Mitteln
standen, die Liquidität eine bessere war. Auch war dem
außerordentlichen Preisdruck entgegenzuarbeiten, und
dies am besten durch Ausschaltung der Konkurrenz zu
erzielen. So gelang es den beiden Kontrahenten zu
Vereinbarungen zu kommen. Aus den schon genannten Gründen wählte man zunächst die Form der
Interessengemeinschaft; um die Konkurrenz zwischen
beiden Gesellschaften auszuschalten wurde eine gegenseitige Beteiligung beider Gesellschaften an den Gewinnen verabredet. Das Verhältnis der Erträgnisse
sollte durch die Neuorganisation nicht verschoben werden. Im einzelnen regelte der nachfolgende Vertrag
die Beziehungen.

»Die beiden Gesellschaften, Allgemeine Elektricitäts-
Gesellschaft und Union Elektricitäts-Gesellschaft erstreben
eine Zusammenfassung und möglichste Vereinigung ihrer
technischen und kommerziellen Kräfte und Leistungen,

und zu diesem Zweck eine vollkommenere Arbeitsteilung, Ersparnisse in der Organisation, dem Verkauf,
der Fabrikation und der Projektierung.

›Für den Zusammenschluß der beiden Gesellschaften
ist die Form einer Interessengemeinschaft gewählt, um
die aus der eigenartigen Entwickelung der beiderseitigen
Gesellschaften sich ergebenden Vorteile aufrecht zu erhalten. Es gelten hierfür die nachstehenden Grundsätze
und Bestimmungen:

1. Identität der Geschäftsführung und Verwaltung
   soweit dieses gesetzlich zulässig;
2. Arbeitsteilung, entsprechend der Eigenart der
   beiderseitigen Fabrikationseinrichtungen, unter
   Austausch aller kommerziellen und technischen
   Erfahrungen;
3. möglichste Erhaltung des gegenwärtigen Beschäf-
   tigungsverhältnisses beider Gesellschaften;
4. tunlichste Verschmelzung der auswärtigen Organisation.

Dies vorausgeschickt, wird zwischen der Allgemeinen
Elektricitäts-Gesellschaft einerseits, der Union Elektricitäts-Gesellschaft anderseits folgender Vertrag geschlossen:

I. Organisation der Geschäftsleitung.

§ 1. Vorstand.

Der Vorstand der Allgemeinen Elektricitäts-Gesellschaft und der der Union Elektricitäts-Gesellschaft leiten
gemeinschaftlich die gesamten Geschäfte beider Gesellschaften als Gesamtdirektion. Diese soll in der Regel
aus nicht mehr als zehn Mitgliedern bestehen, von welchen
der Aufsichtsrat der Allgemeinen Elektricitäts-Gesellschaft
bis sieben, der Aufsichtsrat der Union Elektricitäts-
Gesellschaft bis drei ernennt.

Ferner verpflichten sich die Gesellschaften gegenseitig, die jetzigen und künftigen Vorstandsmitglieder der einen Gesellschaft, welche von deren Aufsichtsrat gemäß den Vorschlägen des Delegationsrats bestellt werden, auch zu Vorstandsmitgliedern der anderen Gesellschaft zu ernennen.

Die Gesamtdirektion wird von einem Generaldirektor oder mangels eines solchen von einem oder zwei Vorsitzenden geleitet.

§ 2. Delegationsrat.

Die Mitglieder der Aufsichtsräte der beiden Gesellschaften bilden zusammen den gemeinsamen Delegationsrat der Gesellschaften; in demselben führen die Mitglieder jedes Aufsichtsrates zusammen zwölf Stimmen, ohne Rücksicht auf die Zahl der Abstimmenden. Jeder Aufsichtsrat regelt durch seine Geschäftsordnung die Verteilung der ihm zustehenden zwölf Stimmen auf seine jeweilig in der Sitzung des Delegationsrats anwesenden Mitglieder. Der Delegationsrat tritt zusammen, so oft er von der Gesamtdirektion oder von einem der beiden Vorstände oder Aufsichtsräte einberufen wird. Den Vorsitz führt der Vorsitzende des Aufsichtsrates der Allgemeinen Elektricitäts-Gesellschaft, den stellvertretenden Vorsitz der Vorsitzende des Aufsichtsrates der Union Elektricitäts-Gesellschaft. Der Delegationsrat beschließt, soweit nicht nachstehend ein anderes Majoritätsverhältnis festgesetzt ist, nach Stimmenmehrheit.

Der Delegationsrat ernennt den Generaldirektor bzw. die Vorsitzenden der Gesamtdirektion; er ist zum Widerruf seiner Ernennung berechtigt. Er entscheidet auf Anrufen eines Mitgliedes der Gesamtdirektion bei Meinungsverschiedenheiten, a) innerhalb der Gesamtdirektion, b) zwischen den beiden Vorständen.

§ 3. Die Aufsichtsräte.

Die Aufsichtsräte beider Gesellschaften sind bei der Beschlußfassung über folgende Gegenstände an die Beschlüsse des Delegationsrats gebunden:

1. Erweiterung oder Abtretung von Fabrikationseinrichtungen im Falle es sich um mehr als 1% des Aktienkapitals der betreffenden Gesellschaft handelt.

2. Dauernde Investitionen im Betrage von mehr als 2% des Aktienkapitals der betreffenden Gesellschaft.

3. Abänderungen des vorliegenden Vertrages.

4. Ausgabe von Obligationen.

   Über folgende Gegenstände sollen die Aufsichtsräte beider Gesellschaften nur in Übereinstimmung mit den Beschlüssen des Delegationsrats beschließen:

5. Vorschläge an die Generalversammlung betreffend Statutenänderung, Fusion mit anderen Unternehmungen, Kapitalserhöhung und Herabsetzung, Auflösung einer Gesellschaft.

6. Anstellung und Abberufung von Vorstandsmitgliedern.

Über vorstehende Gegenstände zu 1 bis 6 kann der Delegationsrat nur mit dreiviertel Majorität der anwesenden bzw. vertretenen Mitglieder beschließen.

Abgesehen von obigen Modalitäten behalten die Aufsichtsräte ihre bisherigen Funktionen bei. Die Aufsichtsratsmitglieder der Allgemeinen Elektricitäts-Gesellschaft werden zu den Aufsichtsratssitzungen der Union Elektricitäts-Gesellschaft eingeladen und nehmen mit beratender Stimme teil, und umgekehrt.

II. Teilung der Geschäftsgewinne.

§ 4.

Jede der beiden Gesellschaften macht zunächst in der bisher bei ihr üblichen Weise eine Bilanz nebst Gewinn- und Verlustrechnung auf. Von dem Gewinn- oder Verlustsaldo dieser Vorbilanz der Allgemeinen Elektricitäts-Gesellschaft werden von dieser der Union Elektricitäts-Gesellschaft $^4/_{19}$ gutgebracht bzw. belastet, während die Union Elektricitäts-Gesellschaft von dem Gewinn- oder Verlustsaldo ihrer Vorbilanz an die Allgemeine Elektricitäts-Gesellschaft $^{15}/_{19}$ gutzubringen bzw. zu belasten hat.

Auf Grund der so ermittelten Gewinn- oder Verlustziffer stellt dann jede Gesellschaft für sich ihre gesetzlich und statutarisch vorgeschriebene Bilanz auf.

III. Dauer des Vertrages.

Geschäftsjahr.

§ 5.

Als Tag des Vertragsbeginnes wird der 1. Juli 1903 bestimmt. Die Dauer des Vertrages wird auf 35 Jahre, also bis zum 1. Juli 1938 festgesetzt. Erfolgt nicht ein Jahr vor Ablauf Kündigung von einer Stelle, so gilt der Vertrag jedesmal als um fünf Jahre verlängert.

§ 6.

Die Union Elektricitäts-Gesellschaft wird den Anfang ihres Geschäftsjahres auf den 1. Juli verlegen.

IV. Schiedsgericht.

§ 7.

Über alle die Auslegung dieses Vertrages betreffenden oder sonst sich aus demselben ergebenden Streitigkeiten entscheidet ein Schiedsgericht. Dasselbe hat aus fünf Personen zu bestehen; von denselben wählt der

Aufsichtsrat jeder Gesellschaft zwei Personen. Erfolgt die Wahl einer zur Übernahme des Amtes bereiten und geeigneten Person nicht innerhalb drei Wochen nach schriftlicher Aufforderung von der einen Seite, welche Aufforderung die Bezeichnung des Gegenstandes des zu entscheidenden Streites und die von dieser Seite ernannten Schiedsrichter enthalten muß, so geht das Wahlrecht auch dieser Schiedsrichter auf die das Verfahren betreibende Gesellschaft über.

Die gewählten Schiedsrichter haben einen Obmann zu bestellen; ist für einen solchen eine Stimmenmehrheit nicht zu erzielen, so ist die Handelskammer zu Berlin um die Wahl des Obmanns zu ersuchen. Das Schiedsgericht bestimmt das bei dem Rechtsstreite zu beobachtende Verfahren.

V. Schlußbestimmung.

§ 8.

Beide Teile verpflichten sich, alsbald Generalversammlungen einzuberufen zwecks Beschlußfassung über die erforderlichen Statutenänderungen.‹

Bei der Verteilung des Reingewinnes in Quoten von $4/_{19}$ für die Union und $15/_{19}$ an die Allgemeine Elektricitäts-Gesellschaft ging man von den in den letzten Jahren gezahlten Dividenden sowie den vorhandenen Kapitalien aus. Das Aktienkapital betrug am 1. April 1903 bei der Allgemeinen Elektricitäts-Gesellschaft 60 Mill. Mark, bei der Union 24 Mill. Mark. Die Dividenden betrugen bei der Union:

1894	1895	1896	1897	1898	1899	1900	1901	1902
8	10	12	12	12	10	10	6	4%

bei der Allgemeinen Elektricitäts-Gesellschaft

93/94	94/95	95/96	96/97	97/98	98/99	99/00	00/01	01/02
$8^1/_4$	9	11	13	15	15	15	12	8%,

ihr Verhältnis somit $^{84}/_{106}$ oder ungefähr $^4/_5$. Die Allgemeine Elektrizitäts Gesellschaft hätte somit etwa $^{14,5}/_{19}$, die Union $^{4,5}/_{19}$ des Gewinnes erhalten müssen. Mit Rücksicht auf die erheblich größeren stillen und offenen Reserven setzte man ein virtuelles Dividendenverhältnis von $^2/_3$ fest, so daß nunmehr sich die Quoten auf $^{15}/_{19}$ resp. $^4/_{19}$ stellten. Damit erhielt die Allgemeine Elektricitäts-Gesellschaft, wenn man die Erträgnisse des letzten Jahres unterlegt, eine Bonifikation von etwas mehr als M. 150000, was einer geringen Verzinsung der Reserven entspricht, so daß die Union verhältnismäßig günstig abgeschlossen hat.

Bilanzen vor Schaffung der Interessengemeinschaft.

Union Elektr.-Gesellschaft. 31. Dezember 1902.		Allgemeine Elektr.-Gesellschaft. 30. Juni 1902.	
Aktiva.	Mark	Aktiva.	Mark
Kassa und Wechsel	164000	Kassa und Wechsel	1826000
Bankguthaben . .	—	Bankguthaben . .	18664000
Effekten und Konsortien	13179000	Effekten	23850000
		Konsortien . . .	19424000
Kontokorrent. . .	15732000	Kontokorrent:	
Immobilien . . .	5245000	lauf. Rechnung .	10917000
Fabrikate und Materialien	7370000	Filialen etc. . . .	15986000
		Immobilien . . .	16040000
Werkzeuge,Modelle, Inventar. . . .	1716000	Fabrikate und Materialien	16790000
Patente.	1	Werkzeuge,Modelle, Inventar . . .	10
		Patente	1
	48088340,43		131021488,67
Passiva.		Passiva.	
Aktienkapital. . .	24000000	Aktienkapital . .	60000000
Obligationen . . .	10000000	Obligationen . .	23885000
Reserven	2830000	Reserven	30000000
Kontokorrent . . .	10050000	Kontokorrent . .	5885000
	48088340,43		131021488,67

Dagegen war die Union gezwungen worden, sich vor
Abschluß des Vertrages aller Aktien ihrer Trustgesellschaft, die vollkommen außerhalb des Vertrages blieb,
zu entledigen (sie trat dieselben an ein Konsortium ab).
Ebenso wurden die selbständigen ausländischen Geschäfte
zunächst nicht in die Kombination einbezogen, ohne
jedoch die Möglichkeit weiterer Angliederungen auszu-
schließen.

Die Vertragsdauer war auf 35 Jahre festgesetzt
worden, um bei der momentanen Unmöglichkeit einer
Fusion dennoch den Zusammenschluß zu einem möglichst festen zu machen und so auch den sonstigen Kontrahenten der Union gesicherter gegenüber zu stehen.

Der am 1. April 1903 vorläufig abgeschlossene Vertrag wurde am 7. April 1903 gleichzeitig in den Generalversammlungen der Union und der Allgemeinen Elektricitäts-Gesellschaft angenommen und damit der Zusammenschluß zu einer Tatsache gemacht. Es hieß nun,
auch innerlich die Konsequenzen der Vereinigung ziehen,
die Identität der Geschäftsführung und Verwaltung, die
Arbeitsteilung und Nutzbarmachung aller kommerziellen
und technischen Erfahrungen durchsetzen. Zunächst
legte die Union ihr Geschäftsjahr konform mit der Allgemeinen Elektricitäts-Gesellschaft. Über das gedachte
Zusammenarbeiten der oberen Verwaltungsorgane, Vorstand und Aufsichtsrat gibt der Vertrag bereits hin-
reichende Auskunft. Hinzuzufügen ist, daß der Vorstand
der Union aus drei, der der Allgemeinen Elektricitäts-Gesellschaft aus sieben Mitgliedern bestand, so daß bei Ab-
stimmungen der frühere Vorstand der Allgemeinen Elektricitäts-Gesellschaft ausschlaggebend war, abgesehen von
der vorgesehenen Stellung eines Genraldirektors, die
ebenfalls an die Allgemeine Elektricitäts-Gesellschaft
fallen mußte. Die Majorisierung durch die Allgemeine
Elektricitäts-Gesellschaft war durch die Beschränkung
der Berufung in den Vorstand auch dauernd festgelegt.

Hingegen war im Delegationsrate das Stimmenverhältnis gleich und daher ursprünglich auch ein Obstruktions- paragraph vorgesehen. Immerhin war auch innerhalb des für beide Gesellschaften gleichen Vorstandes eine Arbeitsteilung notwendig, die in der Weise bewirkt wurde, daß die Geschäfte der Union im wesentlichen von ihren drei früheren Direktoren sowie einem Direktor der All- gemeinen Elektricitäts-Gesellschaft, dem daselbst das Bahnenressort unterstand, geleitet wurden. Es blieb im weiteren die Verkaufsorganisation, durch deren Zusam- menlegung am leichtesten große Ersparnisse erzielt werden konnten. Die betreffenden Organisationen, be- sonders die auswärtigen Zweigbureaus, wurden ver- schmolzen und von der Allgemeinen Elektricitäts-Ge- sellschaft übernommen. Sie hatten auf Anweisung auch für die Union zu akquirieren. Dieser blieb es unbenommen, ihrerseits entsprechende Organe für das ihnen zugewiesene Arbeitsgebiet zu unterhalten, jedoch wurden ständige Lokalvertretungen nicht mehr errichtet.

Die Arbeitsgebiete beider Gesellschaften waren nun gegeneinander derart abzugrenzen, daß sich ein möglichst rationeller Geschäftsgang ergab. Die Union hatte sich von Anfang an hauptsächlich dem Bau von elektrischen Bahnen zugewandt, für welchen sie das Thomson-Hous- ton-System in Anwendung brachte, nach welchem 1897 in den Vereinigten Staaten bereits 70%, in Europa 50% aller elektrischen Straßenbahnen ausgeführt worden waren. Daneben betrieb sie die Herstellung solcher Anlagen, die der Traktion technisch verwandt sind, als elektrisch betriebene Krane, Spills, Schiffssteuermaschinen und Winden, Schiebebühnen, Förderhaspeln, Koksausdrück- maschinen. Aber auch Licht- und Kraftzentralen waren mehrfach von ihr gebaut worden (z. B. die Zentrale Schöneberg b. Berlin). Als Spezialität ist schließlich noch der Thomson Houston-Zähler zu nennen, der als Massen-

artikel hergestellt wurde (1902 70000 Stück). Die Allgemeine Elektricitäts-Gesellschaft hingegen bearbeitete
sämtliche Gebiete des elektrischen Starkstromes und
hatte daher nicht eigentlich neue Industriezweige von
der Union zu erwarten. Dagegen war ihre Bahnabtei-
lung nicht von dem Umfange wie die der Union. Daraus
ergab sich eine Arbeitsteilung in der Weise, daß die
Union ausschließlich das Gebiet der elektrischen Förde-
rungsmittel übernahm und hierfür eine besondere, in
Berlin zentralisierte Akquisitionsabteilung erhielt. Der
Allgemeinen Elektricitäts-Gesellschaft fielen alle übrigen
technischen Gebiete zu, einschließlich der mit den Bahn-
anlagen verbundenen technischen Anlagen, wie Zentralen,
Leitungsnetze etc. Dabei wurde in allem die Einschränkung gemacht, daß dort, wo die Union vertraglich
behindert war zu liefern, die Allgemeine Elektricitäts-
Gesellschaft volle Freiheit behielt. Ähnlich war die
Arbeitsteilung in den Fabriken. Die Union beschränkte
sich auf Bahnartikel und behielt daneben zunächst die
Fabrikation ihrer Zählertype. Die Allgemeine Elektricitäts-Gesellschaft überwies jedoch von sonstigen Maschinen
(besonders Aufzügen, Fördermaschinen, Kranen) der
Union soviel Aufträge, daß daselbst die Zahl von
2000 Arbeitern erhalten blieb, und die Einrichtungen
somit rationell ausgenutzt wurden. Die Bilanz der Union
für das erste Halbjahr 1903 zeigt bereits die Wirkungen
der Interessengemeinschaft, die mit dem Datum der
Bilanz begann. Sie schließt mit einem Verluste von
M. 2550000, der zumteil dadurch entsteht, daß ein
Halbjahrbericht im Bahngeschäfte, wo die Abrechnungen
im wesentlichen in den Herbst und Winter fallen, kein
richtiges Bild gibt, zum anderen Teil aus der Umge-
staltung der äußeren Organisation, die zunächst erhebliche Kosten verursachte, sowie aus der veränderten
Bilanzierungstaktik, die der der Allgemeinen Elektricitäts-Gesellschaft näherkam, ohne sie jedoch zu erreichen.

Alles dieses sind einmalige Ausgaben, die mit der Transaktion verbunden sind, über ihre Wirtschaftlichkeit oder
Unwirtschaftlichkeit jedoch noch keine Aufschlüsse geben.
Sie dienten auch vornehmlich dazu, gleichmäßige Unterlagen für eine Bewertung der gegenseitigen Aktiven zu
schaffen und so der völligen Verschmelzung vorzuarbeiten,
die man von vornherein als Endziel angesehen hatte.
Man zögerte daher keinen Augenblick, die weiteren, der
Fusion entgegenstehenden Schranken aus dem Wege zu
räumen und schon im Herbste 1903 ging der Generaldirektor der Allgemeinen Elektricitäts-Gesellschaft und
Union nach Amerika, um die Beziehungen der Union
zu ihrer Muttergesellschaft, der General Electric Company zu regeln.   Dabei waren die Bemühungen der
Allgemeinen Elektricitäts-Gesellschaft nicht nur auf die
Anbahnung von Beziehungen zu der General Electric
Company und ihren europäischen Gesellschaften, als
auch auf eine Regelung der Verhältnisse im Dampfturbinenbau gerichtet, dem sie durch den Ankauf der
Riedler-Stumpf Patente nahegetreten war.

Das Ergebnis der Verhandlungen waren Verträge,
durch die der Genral Electric Company im wesentlichen
die Vereinigten Staaten von Nordamerika und Kanada,
der Allgemeinen Elektricitäts-Gesellschaft Deutschland
mit Luxemburg, Österreich-Ungarn, europäisches und
asiatisches Rußland, Finnland, Holland, Belgien, Schweden,
Norwegen, Dänemark, Schweiz, Türkei und die Balkanstaaten ausschließlich zugewiesen wurden.   Für die Gebiete der europäischen Tochtergesellschaften wurden besondere Abkommen getroffen und für die anderen Welt-
teile ein gemeinsames Arbeiten der beiden Gesellschaften
in Aussicht genommen.   Die Allgemeine Elektricitäts-
Gesellschaft erhielt außerdem für ihre Gebiete das Recht
der Ausnutzung der Curtispatente für Dampfturbinen,
während die General Electric Company entsprechend
mit den Riedler-Stumpf Patenten verfahren durfte.

Mit der Anahme dieser Verträge war ein Abkommen
geschaffen, das fast die ganze Welt umspannte, sie
zwischen den beiden großen Konzernen teilte und so
eine Ausschaltung der Konkurrenz traf, wie sie nur noch
in wenigen anderen, gleich konzentrierten Artikeln möglich ist (Eisen, Petroleum). Das Abkommen verdeut-
licht auch die dominierende Stellung, welche einzelne
Gesellschaften bereits errungen hatten, wenn sie Opfer
bringen konnten, um einen einzigen Konkurrenten fern
zu halten, während doch nominell eine ganze Anzahl
von Mitbewerbern im eigenen und fremden Lande vorhanden war.

Nunmehr war die Fusion der beiden Gesellschaften
nur noch von deren Willen abhängig. Der Antrag auf
Lösung des ersten Vertrages mit der Union und auf
Übernahme der Aktien derselben zwecks späterer Liquidation wurde in der Generalversammlung der Allgemeinen
Elektricitäts-Gesellschaft vom 27. Februar 1904 angenommen. Eine Einigung zwischen der Allgemeinen
Elektricitäts-Gesellschaft, der Union und einigen Groß-
aktionären derselben, die über die Majorität verfügten,
war auf der folgenden Grundlage zustande gekommen.
Die in der Bilanz der Union Elektricitäts-Gesellschaft
vom 30. Juni 1903 vorhandenen Effekten und Anlagen
im Buchwerte von ca. 13 Millionen, deren Objekte in
der Entwickelung, ohne Börsenkurs und daher schwer
flüssig zu machen waren, wurden gegen neu auszugebende
nom. 6,5 Millionen Allgemeine Elektricitäts-Gesellschaft-
Aktien der Allgemeinen Elektricitäts-Gesellschaft überlassen, während ein Konsortium der Union diese Aktien
zum Kurse von 210% netto ohne Stückzinsenberechnung
abnahm. Die Effekten wurden also ihrem Buchwerte
entsprechend angenommen, die Union erhielt Barmittel
in Höhe von M. 13 650 000, und die Allgemeine Elektricitäts-Gesellschaft konnte die erworbenen Effekten weit
unter dem Buchwerte der Union inventarisieren; dies

war nötig, wenn man die Werte der Union in der
gleichen Weise abschätzen wollte, wie man es bei den
eigenen gewohnt war. Man umging außerdem auf diese
Weise einen Übertrag des Agios auf Reservefondskonto
und steigerte den Umfang der liquiden Mittel, deren
notwendige Erhöhung sonst durch weitere Begebung von
Aktien hätte erfolgen müssen. Die Aktien der Union
wurden im Verhältnisse 3 : 2, das schon gelegentlich der
Interessengemeinschaft festgestellt worden war, unter
Zahlung der entstehenden Spesen durch die Aktionäre
der Union (auf die zwei Aktien M. 55), gegen solche der
Allgemeinen Elektricitäts-Gesellschaft mit Dividenden-
berechtigung vom 1. Juli 1903 zum Zwecke späterer
Liquidation der Union umgetauscht. Betriebsinventar,
Waren und Materialien, Kasse, Wechsel, Kautionen und
Außenstände gingen nach dem Stande vom 30. Juni 1903
gleichzeitig zu dem Bilanzwert per 30. Juni 1903 an die
Allgemeine Elektricitäts-Gesellschaft über. Die Übernahme einiger Posten zum Buchwerte von M. 1 wurde
dadurch ausgeglichen, daß andere dem Buchwerte gegenüber geringer zu veranschlagende Posten dennoch zu
diesem übernommen wurden. Somit war das zur Durchführung aller Transaktionen notwendige Kapital flüssig
vorhanden, da die Reserven der Union den Verlust per
30. Juni 1903 reichlich deckten. Die Allgemeine Elektricitäts-Gesellschaft erhielt also gegen Hergabe von
$22\frac{1}{2}$ Millionen neuer Aktien und Übernahme von 10 Millionen Obligationen:

1. 34 Millionen liquider Mittel,
2. Effekten, Zentralen und Bahnen im Buchwerte
   (Union) von mehr als 13 Millionen,
3. Grundstücke, Fabrikanlagen, Rechte etc.

Übergabe und Zahlung erfolgte am 1. Juli 1904.
Die Allgemeine Elektricitäts-Gesellschaft übernahm ferner
die Ausführung aller der Union erteilten Aufträge in

dem Zustande, in dem sie sich am 1. Juli befinden
würden. Die Allgemeine Elektricitäts-Gesellschaft erhielt
und behielt den gemeinschaftlichen Geschäftsgewinn und
führte die Geschäfte für eigene Rechnung fort. Sie ge-
währleistete dagegen der Union bei einer nach den bisherigen Grundsätzen aufgestellten Bilanz die Verteilung
einer 6 proz. Dividende, was zur Ermöglichung eines
schleunigen Liquidationsbeschlusses geschah und in
anbetracht dessen, daß voraussichtlich nur wenig Kapital
in fremden Händen bleiben würde. In der Tat befanden sich Anfang Mai in Händen der Allgemeinen
Elektrizitäts-Gesellschaft bereits mehr als 95 % der Union-
Aktien, Mitte Juni 1904 99 % (23 862 000), so daß die
beabsichtigte Verschmelzung bereits bis auf gewisse
Förmlichkeiten durchgeführt worden war. Die Generalversammlung der Union vom 19. Mai 1904 beschloß
daher auch die Annahme des Angebotes der Allgemeinen
Elektricitäts Gesellschaft und die Liquidation der Gesellschaft. Die Betriebe und Bureaus beider Gesellschaften
konnten nunmehr vollkommen vereinigt werden. Es
wurde derartig disponiert, daß die Teilung der Bureaus
wie bisher blieb, die beiderseitige Zählerfabrikation jedoch
in den Werkstätten der Allgemeinen Elektricitäts-Gesellschaft vereinigt wurde. Ebenso kam die Fabrikation
der Bahnmotoren zur Maschinenfabrik der Allgemeinen
Elektricitäts-Gesellschaft, während die Unionfabrik zum
größeren Teile dem Dampfturbinenbau, zum geringeren
der Herstellung von Installationsmaterial diente.

Mit der Vereinigung der Muttergesellschaften schloß
die Bewegung jedoch noch nicht ab. Die Union hatte
Tochtergesellschaften in Belgien, Österreich und Ruß-
land gegründet, von denen die beiden letzteren eigene
Fabriken besaßen. Ihnen gegenüber hatte die Union
die Enthaltung von Lieferungen in die entsprechenden
Länder, einschließlich der Kolonien, auf sich genommen.
Ebenso besaß die Allgemeine Elektricitäts-Gesellschaft

in allen drei Ländern Vertretungsgesellschaften, so daß eine jeweilige Verschmelzung geboten erschien. Am leichtesten war dieselbe in Belgien, wo Anfang 1905 die Union Electrique ihren Namen in Allgemeine Elektricitäts-Gesellschaft Union Electrique änderte und ihr Kapital um 1 Mill. Frs. 4000 Aktien erhöhte, von denen die Allgemeine Elektricitäts-Gesellschaft 800 000 Frs. bekam, die neben einer Einzahlung dafür ihre Société Allgemeine Elektricitäts - Gesellschaft Belge liquidierte und deren Aktiven und Passiven der Allgemeinen Elektricitäts-Gesellschaft Union El. übertrug. In Österreich hatte die Union, um festen Fuß zu fassen, 1896 ein Abkommen mit Ganz & Co. getroffen und insbesondere eine Anzahl Bahnen ausgeführt. 1898 glaubte man jedoch nicht mehr ohne eigene Fabrikationsstätte auszukommen, gründete mit 3 Mill. Kronen die Österreichische Union-Gesellschaft und errichtete Fabriken in Hirschstetten bei Stadlau. Der Erfolg der Gesellschaft war nicht sehr groß, und noch kurz vor der Fusion hatte die Union hier zu einer Sanierung schreiten müssen, ohne gesunde Zustände herstellen zu können. Man vereinigte die Gesellschaft am 13. Mai 1904, nachdem sie sich eines Teils der Effekten entledigt und das Aktienkapital von 5 Mill. Kronen auf 3 Millionen herabgesetzt hatte (die Allgemeine Elektricitäts - Gesellschaft übernahm für $2\frac{1}{2}$ Millionen Aktien von der Union-Bank in Wien), mit der Installationsorganisation der Allgemeinen Elektricitäts-Gesellschaft zu der Allgemeinen Elektricitäts-Gesellschaft Union Elektricitäts-Gesellschaft Wien, die alle Rechte der Allgemeinen Elektricitäts-Gesellschaft für Österreich übernahm, und deren Kapital wieder auf 4 Millionen erhöht wurde. 1906 traf die Allgemeine Elektricitäts-Gesellschaft Union Elektricitäts-Gesellschaft Wien noch einen auf eine Interessengemeinschaft mit Ganz & Co. in Budapest hinauslaufenden Vertrag. Der letztere machte seine elektrische Abteilung zu einer selbständigen

Gesellschaft von 8 Mill. Kronen, die in ein Reziprozitäts-
verhältnis zu der erstgenannten Gesellschaft trat, in der
Weise, daß Erfindungen und Patente von beiden Parteien
ausgenutzt werden können, die Gewinne über 4 % im
Verhältnis des jeweiligen Aktienkapitals verteilt werden.

Schlechter lagen die Verhältnisse bei der russischen
Elektricitäts-Gesellschaft Union, die 1898 mit deutschem
und russischem Kapital (6 Mill. Rubel) gegründet und
vollkommen überkapitalisiert worden war, da der er-
wartete Umsatz ausblieb, so daß die großen Fabriken
in Riga nicht rationell beschäftigt werden konnten.
Sonstige schlechte Geschäfte brachten ebenfalls Verluste,
so daß eine erhebliche Unterbilanz de facto vorhanden
war. Die Russische Allgemeine Elektricitäts-Gesellschaft,
deren Kapital auf 8 Mill. Rubel erhöht wurde, erwarb
daher im Herbste 1905 die Fabriken der Union für
$2^1/_2$ Mill. Rubel, die in Aktien gezahlt wurden. Ebenso
wurden die sonstigen Aktiven und Passiven teilweise
übernommen, während die Russische Union in Liquidation trat. Damit war auch im Auslande die Fusion
Allgemeine Elektricitäts-Gesellschaft Union vollkommen
durchgeführt, deren Einzelheiten mitzuteilen hier zu
weit geführt hätte. Schon die Dauer der ganzen Transaktion zeigt, welche nicht geringen Schwierigkeiten die
Übernahme eines so großen und mit so vielfach ver-
zweigten Beziehungen ausgestatteten Unternehmens ver-
knüpft waren.

Weit weniger Umstände verursachte die Angliederung zweier weiterer Industriegesellschaften, die während
der gleichen Zeit durchgeführt worden war. Die erste,
die bereits 1902/03 durchgeführt wurde, betraf die Firma
Gebr. Körting in Körtingsdorf bei Hannover. Diese,
1876 gegründet und 1892 in eine G. m. b. H. umgewandelt, beschäftigte 1902 etwa 1500 Arbeiter beim Bau
von Heizanlagen, Strahlapparaten, Gasmotoren und elektrischen Maschinen und Apparaten. 1898 hatte man als

Trustgesellschaft die Aktiengesellschaft Körtings Elektricitätswerke gegründet. Für die Allgemeine Elektricitäts-
Gesellschaft bot wohl in erster Linie die Gasmotoren-
fabrik, die den Bau großer Gichtgasmotoren zum Antrieb von Dynamomaschinen auf Hüttenwerken betrieb,
daneben auch die elektrotechnische Abteilung Interesse,
die verschiedene Zentralen und Bahnen errichtet hatte.
Die Auslandsorganisation bestand in zehn offenen Handelsgesellschaften. Neben 17 ausländischen Bureaus waren
auch je eine Tochterfabrik in Sestri Ponente (Italien),
Moskau und Wien vorhanden, die alle streng zentral
geleitet wurden. Da das Unternehmen im Familien-
besitze war, bot die Herstellung rechtlicher Beziehungen
zur Allgemeinen Elektricitäts-Gesellschaft keine große
Schwierigkeit. Zunächst wurde die elektrotechnische Abteilung mit Ausschluß der Werkstätten, die eingingen,
losgetrennt und in eine besondere G. m. b. H. Gebr.
Körting, Elektrizität von $\frac{1}{2}$ Million Stammkapital umgewandelt, die von der Allgemeinen Elektricitäts-Gesellschaft übernommen wurde und nun ihren Sitz nach
Berlin verlegte und insbesondere der Herstellung von
Generatorgasanlagen für elektrische Zwecke diente. Dagegen wurde die übrige Firma Juni 1903 unter Mitwirkung der Allgemeinen Elektricitäts-Gesellschaft in
eine Aktiengesellschaft von 16 Mill. Mark umgewandelt,
die ihren Sitz in Hannover behielt und das alte Geschäft
in gleicher Weise fortsetzte, sich jedoch durch Erweite-
rungen der Fabrikanlagen noch mehr für den Bau von
Großgasmotoren einrichtete. Von den emittierten 16 Mill.
Mark erhielten die Gebr. Körting für die Einbringungswerte
Immobilien, (Mobilien, Kontokorrent, Waren, Wechsel etc.)
11362 als vollgezahlt, 4000 als mit 25% eingezahlt geltende
Aktien sowie nominell 2 Millionen Obligationen der Gesell-
schaft. 638 Aktien wurden voll einbezahlt (8 Mill. Mark
Aktien wurden am 1. Januar 1904 zu 135 emittiert). Von der
Einbringung ausgeschlossen blieben die elektrotechnischen

Unternehmungen sowie das Effektenkonto. Die Allgemeine Elektricitäts-Gesellschaft übernahm dabei 4 Mill. Mark Aktien, von denen 3 unmittelbar weitergegeben wurden.

Die letzte der hier behandelten Transaktionen galt einer ausländischen Firma, Brown, Boveri & Co., die 1891 als Kommanditgesellschaft zu Baden in der Schweiz begründet und 1900 in eine Aktiengesellschaft von $12\frac{1}{2}$ Mill. Frs. umgewandelt worden war. Ihr Gebiet war zunächst die Elektrotechnik, wobei die Gesellschaft jedoch in der Hauptsache Fabrikationsgesellschaft blieb. Bei der Umwandlung in eine Aktiengesellschaft nahm sie die Fabrikation der Dampfturbinen nach dem Systeme Parsons auf, welches bis vor einigen Jahren völlig dominierte. Ihr Gebiet erstreckte sich dabei auf die Schweiz, Deutschland, Frankreich, Belgien, Italien und Rußland. Die Gesellschaft hatte daher ihre Organisation ausdehnen können und auch in Deutschland (Mannheim) eine Tochtergesellschaft mit 6 Millionen Kapital errichtet, die eine eigene Fabrik betrieb, und deren Aktienkapital ganz im Besitze der Muttergesellschaft blieb. Diese beschäftigte 1904 etwa 2000 Personen. Für die Allgemeine Elektricitäts-Gesellschaft handelte es sich ausschließlich um die Turbinenpatente. Hatte man zu den Riedler Stumpf-Patenten bereits die von Curtis hinzugenommen, so wollte man sich auch gegenüber der einzig noch wirksamen Konkurrenz decken. Die Hochflut der Staatsaktionen, die bereits vorangegangen waren, bewirkte wohl den Verzicht auf ein völliges Übernehmen der ganzen Firma. Auch die Auseinandersetzung mit der eigentlichen Inhaberin der Parsons-Patente hätte in diesem Falle vielleicht gewisse Schwierigkeiten geboten im Hinblick auf die Möglichkeit, das eine oder andere System völlig zu unterdrücken. Man einigte sich daher auf die Übernahme von 4,5 Millionen Aktien von Brown, Boveri & Co., die gegen 3,5 Millionen neue Allgemeine

Elektricitäts-Gesellschaft-Aktien, d. h. im Verhältnis 9 : 7, umgetauscht wurden, nachdem man den Gedanken an einen Barkauf zu 175% aufgegeben hatte (die Dividenden betrugen 1898 bis 1900 je 22%, 1901 16%, 1902 5%, 1903 7%). In der gleichen Generalversammlung, die die Fusion der Allgemeinen Elektricitäts-Gesellschaft und Union aussprach, wurde auch bereits die Transaktion mit Brown, Boveri genehmigt.

Man sieht, mit welcher Energie und Zähigkeit die Allgemeine Elektricitäts-Gesellschaft den Konzentrationsgedanken verfolgte, und welche Fülle von Transaktionen (die Zahl der notwendig gewordenen Verträge beträgt fast 50) im Laufe jener Periode vorgenommen wurde, die den Abschluß der Krise bedeutete, welche gerade in der Elektroindustrie so mächtige Wellen erregt hatte. Daß die Akkumulation dabei nicht übertrieben worden war, deutete das Dividendenergebnis an; trotz der Erhöhung des Kapitals um $22\frac{1}{2}$ resp. 26 Millionen stieg die Dividende in den folgenden drei Jahren um je 1%, entschieden das beste Beruhigungsmittel für die Börse, der nach und nach doch etwas bänglich zumute geworden war.

Der Siemens-Konzern.[1])

Siemens & Halske, das älteste Großunternehmen der Elektroindustrie, hatten in frühen Jahren einen relativ bedeutenden Umfang angenommen. 1890 zur Kommanditgesellschaft, 1897 Aktiengesellschaft geworden, arbeitete man 1900 mit $54\frac{1}{2}$ Millionen Aktienkapital. Siemens & Halske hatten mit Werner Siemens, dem erfolgreichen Physiker an der Spitze, ihre Tätigkeit nahezu allen Gebieten der Elektrotechnik zugewandt und lange Zeit hindurch eine dominierende, später immer noch die erste Stellung eingenommen, bis ihnen Ende des Jahrhunderts

---

[1]) Vgl. Lit. 55—63, 66, 67.

die Allgemeine Elektricitäts-Gesellschaft an Umfang überlegen war. Kein Wunder, daß man in diesem Hause
die Tradition pflegte und auch in schlechten Zeiten sich
allein am mächtigsten fühlte. Im Dezember 1902 sagt
der Jahresbericht:

»Unserer Industrie sind auch in öffentlicher Erör-
terung mannigfache Ratschläge zuteil geworden, und
zwar in der Regel des Inhalts, daß die gegenwärtige
Depression nur durch Fusion der größten konkurrierenden
Firmen beseitigt werden könnte.

Etwas mehr Selbstbewußtsein und Zutrauen zu der
eigenen Kraft ist demgegenüber jedenfalls in der Industrie vorhanden. Es schließt das durchaus nicht aus,
daß mit größerer Abklärung der Verhältnisse auch gang-
bare Wege zur Herbeiführung einheitlicherer Organisation der Industrie innerhalb gewisser Grenzen gefunden
und beschritten werden können, wirksamer als das bisher möglich war. Auch wir werden in gegebenen Fällen
die Initiative zu solchen Schritten zu ergreifen bemüht
bleiben, ohne daß allerdings der Gang solcher Bemühungen nach außen sehr hervortreten würde. Jedenfalls glauben wir nicht, daß gerade auf unserem noch
lange nicht abgeschlossenen Gebiet die selbständige
Kraft verschiedener großer industrieller Firmen entbehrt
werden kann, wenn die Leistungsfähigkeit der deutschen
elektrischen Industrie im Sinne der Herbeiführung tech-
nischer Fortschritte auch in Zukunft aufrecht erhalten
werden soll.«

Das war eine deutliche Antwort auf die einige
Wochen vorher veröffentlichten Worte der Allgemeinen
Elektricitäts-Gesellschaft (vgl. S. 36). Aber die Verhält-
nisse waren stärker als der Wunsch. Es folgten die
Transaktionen der Allgemeinen Elektricitäts-Gesellschaft,
die Herbeiführung einer Interessengemeinschaft mit der
Union mit der ausgesprochenen Absicht einer späteren
völligen Verschmelzung. Schon am 10. Februar 1903

überraschten Siemens & Halske, denen die splendid
isolation doch wohl unbehaglich zu werden begann, ihre
Aktionäre mit dem Projekt einer teilweisen Fusion mit
der Schuckert-Gesellschaft.

Schuckert war 1873 gegründet worden, seit 1888
Kommandit-Gesellschaft und seit 1893 Aktiengesellschaft
mit einem Kapital von 32 Mill. Mark Aktien und 20 Mill.
Mark Obligationen. Neben der Fabrikation war bei ihm
ein umfangreiches Unternehmergeschäft betrieben worden,
das ihn in kritischen Zeiten in arge Bedrängnis brachte.
Als die Verhältnisse gespannter wurden, unterhandelte
man mit der Allgemeinen Elektricitäts-Gesellschaft, der
aber die Lage der Schuckert-Gesellschaft, und besonders
der kontinentalen, nicht genügend geklärt erschien, um
eine enge Verbindung herstellen zu können. Auch jetzt,
nachdem Schuckert durch vertraglich auf fünf Jahre fest-
gelegte Kredite Rückhalt erlangt hatte, und Siemens
& Halske geneigt waren, sich mit den Schuckert-Werken
zu fusionieren, war bei der inneren und äußeren Verschiedenheit der Unternehmungen eine besondere Form
der Vergemeinschaftung erforderlich. Siemens & Halske
hatten Schwach- und Starkstromtechnik mit gleicher
Energie gepflegt (auf das Starkstromgeschäft entfielen
ca. 40 Millionen des 120 Millionen betragenden Gesamt-
wertes der Bilanz; besonders die hierin arbeitenden vier
Abteilungen — Abteilung für Beleuchtung und Kraft,
für elektrische Bahnen, das Dynamowerk und das Kabelwerk — hatten in den letzten Jahren schlecht funk-
tioniert). Sie hatten neben ihrer Fabrikationstätigkeit
entgegen ihrem eigentlichen Geschmack, der voran-
drängenden Konkurrenz folgend, auch ein umfangreiches
Unternehmergeschäft betrieben, das ihr in den Zeiten
der Krise große Ausfälle infolge übernommener Garantien brachte. Aber an der soliden Fundierung der
Firma, an den Werten ihrer Bilanz war kein Zweifel
möglich. In dieser Beziehung sah es bei der Schuckert-

gesellschaft schlimmer aus. Zwar hatte man gerade unter
äußerster Selbstverleugnung die Bilanz mit großer Vorsicht aufgestellt, wobei man ein Defizit von 15 Millionen
erhielt, hatte die unsichersten Unternehmungen veräußert
(Iaice etc.); aber noch immer war das Portefeuille voll
von Werten, deren Übernahme mit großem Risiko verbunden sein mußte. In der Fabrikation beschränkte
sich Schuckert völlig auf das Starkstromgeschäft, wobei
er auf einem Gebiete, dem der elektrischen Scheinwerfer,
eine monopolistische Stellung besaß.

Man trug dieser inneren Verschiedenheit der Kontrahenten Rechnung, als man beschloß, beide Gesellschaften
bestehen zu lassen, jedoch ihr Starkstromgeschäft einer
dritten zu gründenden Gesellschaft, den Siemens-Schuckert-
Werken, zu übertragen. Siemens & Halske behielten
ihr Schwachstromgeschäft sowie Anlagen, Effekten etc.,
die Aktiengesellschaft Schuckert nur die letzteren, wurde
also eine reine Finanzgesellschaft, die die Gewinne aus Anlagen etc. und aus den Anteilen an den Siemens-Schuckert-
Werken zur Verteilung an die Aktionäre zu bringen hatte.
Die Siemens-Schuckert-Werke sollten als Gesellschaft mit
beschränkter Haftung gegründet werden, ihre Geschäfts-
anteile in Händen der beiden gründenden Firmen bleiben,
deren Aktionäre somit ihre mittelbaren Eigentümer
wurden. Offiziell wurde mitgeteilt:

»Von dem auf 90 Mill. Mark festgesetzten Stammkapital der Siemens-Schuckert-Werke G. m. b. H. entfallen auf Siemens & Halske 45,05 und auf Schuckert
44,95 Millionen; eingezahlt werden vorerst 80 Millionen.
Von Seiten der Firma Siemens & Halske wird in die
Gemeinschaft eingebracht das Dynamowerk in Charlottenburg sowie das Kabelwerk in Berlin-Westend nebst
Messinggießerei mit Grundstücken, Maschinenanlagen,
Werkzeugen und Zubehör, fertigen und halbfertigen Fabrikaten und Rohmaterialien, ferner das Inventar und
Lager der Abteilung für Beleuchtung und Kraft, der

6*

Lagerbestand für elektrische Bahnen, sämtliche, die bezeichneten Arbeitsgebiete betreffenden Patente, Musterschutz und Lizenzrechte mit den darauf ruhenden Verpflichtungen, sowie ferner die zu diesen Werken und Abteilungen gehörenden Außenstände abzüglich Kreditoren, während die Firma Schuckert einbringt die Werke in Nürnberg nebst Grundstücken, Gebäuden, Maschinen, Werkzeugen nebst Zubehör, fertige und halbfertige Fabrikate, Rohmaterialien, die Außenstände abzüglich Kreditoren, Patente, Musterschutz und Lizenzrechte nebst den darauf ruhenden Verpflichtungen. Die Einbringung geschieht zu dem Buchwerte, wie sich solcher per 1. April 1903 nach Vornahme der anteiligen Abschreibungen ergeben wird. Die Rohmterialien werden zu Einkaufspreisen eingebracht, falls solche nicht höher als der Tagespreis, die Halb- und Fertigfabrikate zu Taxpreisen, welche für beide Gesellschaften nach einheitlichen Grundsätzen festgelegt werden. Für den richtigen Eingang der Außenstände hat jede der einbringenden Gesellschaften der G. m. b. H. aufzukommen. Bei den elektrotechnischen Werken Charlottenburg und Nürnberg wird nach der Zweckmäßigkeit der Arbeitsstätten und Arbeitsbedingungen eine Verschiebung esforderlich sein, doch wird dabei tunlichst die Erhaltung des Besitzstandes an Beschäftigung angestrebt werden. Die Gewinnverteilung findet nach folgenden Grundsätzen statt: Nach den ersten sechs Geschäftsjahren, welche als Übergangszeit betrachtet werden, findet eine Gewinnverteilung statt im ungefähren Verhältnis von 55% für Siemens & Halske und 45% für Schuckert. In den ersten sechs Geschäftsjahren ist die Firma Siemens & Halske ein wenig mehr bevorzugt. In den ersten drei Geschäftsjahren (2½ Jahre) muß nach vorgenommener Amortisation (in jedem Jahr waren 2 Mill. Mark auf Abschreibungen zu verwenden) je 1 Mill. Mark für das Jahr an beide Stammfirmen als Beitrag zum Obligationszinsen-

dienst abgeführt werden. Der dann noch verbleibende
Gewinn wird nach obigem Schlüssel 55 : 45 verteilt.
Erreicht hierbei der Anteil von Siemens & Halske die
Höhe von 2 ½ Mill. Mark nicht, dann ist dieser aus dem
Schuckertschen Anteil auf diesen Betrag zu ergänzen.
Für die weiteren drei Jahre fällt das der Firma Siemens
& Halske in den ersten drei Jahren gewährte Vorzugs-
recht fort, und es tritt eine Gewinnverteilungsquote in
Kraft, welche allmählich zu dem endgültigen Zustande
überleitet. Das erste Geschäftsjahr der neuen Gesell-
schaft läuft vom 1. April bis 31. Juli 1903 und sodann
stets vom 1. August bis 31. Juli.«

Man hatte die Form der G. m. b. H. gewählt, um
einmal der doppelten Besteuerung zu entgehen, dann
auch, um die geschäftlichen Ergebnisse fremden Augen
unzugänglicher zu machen, was sich nicht nur auf die
Siemens - Schuckertwerke sondern auch auf Siemens
& Halske bezog, deren Gewinnergebnisse bisher unter
einer Ziffer erschienen waren, jetzt aber im wesentlichen
nach Starkstrom- und Schwachstromgeschäft getrennt
gegeben worden wären. Es wurde dazu bestimmt, daß
kein Geschäftsanteil ohne Zustimmung des anderen
Partners veräußert werden durfte. Die Gesamteinlage
beider Firmen war auf den angegebenen Betrag fixiert,
den man durch eine Verdoppelung des von Schuckert
voraussichtlich eingebrachten Betriebs- und Fabrikkapitals
erhielt. Sofern der nach der erwähnten vorzunehmenden
Inventur festzustellende Wert der Einlage den Betrag
von 40 Millionen nicht erreichte, war er durch Bar-
zahlung hierauf zu ergänzen. Bei der Gewinnverteilung
bestimmte man für den Teil des Kapitals, der Betriebskapital (Vorräte und Debit.) war, in logisch sehr rich-
tiger Weise eine proportionale Teilung; nur für den auf
das Fabrikkapital, das hier mit dem doppelten Betrage
des von Schuckert eingebrachten in Rechnung gestellt wurde, entfallenden Teiler hielt Siemens & Halske ³/₅,

Schuckert $^2/_5$, da die erstere Firma in der Tat bisher
wesentlich größere Umsätze und höhere Gewinne erzielt
hatte. Der Modus hatte für die Schuckertgesellschaft
den Vorteil, daß bei späterer Kapitalserhöhung ihr Ge-
winnanteil relativ steigt. Bei der Feststellung des an
Siemens & Halske gehenden Mindestgewinnes von $2\,^1/_2$ Millionen ging man ebenfalls von den bisherigen Ergebnissen der in Frage stehenden Geschäftsabteilungen aus.

Die Dividenden hatten betragen bei:

	1898/99	1899/1900	1900/01	1901/02
	Prozent			
Schuckert	15	15	0	0
Siemens & Halske .	10	10	8	4

Die sechsjährige Übergangszeit galt der Befürchtung,
daß die vorhandenen Werkstätten vorläufig zu groß in
bezug auf die Aufnahmefähigkeit des Marktes seien,
und Siemens & Halske sich gegenüber dem schwächeren
Kontrahenten sichern wollten. Die zum stationären Zustand überleitende Verteilungsquote des auf das Betriebskapital entfallenden Reingewinnes wurde daher wie folgt
festgesetzt:

	Siemens & Halske	Schuckert
	Prozent	
1905/06	56	44
1906/07	54	46
1907/08	52	48

Aus der ersten Bilanz der Siemens-Schuckertwerke
und der gleichzeitigen Bilanz von Siemens & Halske
läßt sich feststellen, in welchem Maße das Berliner und
das Nürnberger Unternehmen zu den in die Siemens-
Schuckertwerke eingebrachten Fabrikanlagen nebst Zubehör beigetragen haben:

	Siemens-Schuckertwerke	Davon	
		Siemens & Halske	Schuckert
Grundstücke	4,39	1,78	2,61
Gebäude	10,43	4,27	6,15
Utensilien und Werkzeuge .	2,25	1,34	0,91
Werkzeugmaschinen . . .	3,58	1,38	2,20
Betriebsmaschinen etc. . .	3,99	2,11	1,88
	24,64	10,88	13,76

Die Firma Schuckert brachte mehr Grundstücke, Gebäude und Werkzeugmaschinen, Siemens & Halske mehr Werkzeuge und Betriebsmaschinen ein. Die bessere Situation des Siemensunternehmens führte zu einer weiteren Bevorzugung. Im Aufsichtsrate der neuen Gesellschaft erhielt dieses den Vorsitz. Eine Majorisierung war jedoch ausgeschlossen, da das Statut für wichtige Fragen eine qualifizierte Mehrheit verlangte und somit das um ein Geringes höhere Kapital in Händen von Siemens & Halske nicht ausschlaggebend sein konnte.

Am 9. März 1903 genehmigten die Generalversammlungen beider Unternehmungen den vorgehend gekennzeichneten Vertrag. Die neue Gesellschaft erhielt im allgemeinen fünf große Dezernate, die allgemeine Verkaufsabteilung (Abteilung für Beleuchtung und Kraft), die Abteilung für elektrische Bahnen, ferner drei Fabrikationsabteilungen: das Kabelwerk am Nonnendamm, das Charlottenburger Werk und das Nürnberger Werk. Für Siemens & Halske blieb als Betätigungsfeld die gesamte Schwachstromtechnik, die Glühlampen- und Beleuchtungskohlenfabrikation sowie das Gebiet Elektrochemie. Schuckert entsagte der Fabrikationstätigkeit, war aber durch den Besitz der Aktien der Kontinentalen Gesellschaft für elektrische Unternehmungen an der Verwertung der Schwebebahnpatente beteiligt. Besondere Abmachungen regelten daher den Bezug der Stammfirmen an Starkstromfabrikaten.

Man ging nunmehr an die Vereinheitlichung der Organisation. Siemens & Halske besaßen in Berlin das Charlottenburger Werk für den Bau der Maschinen, das Wernerwerk für die Kabelfabrikation, dazu das ihnen verbleibende Schwachstromwerk. Die Werkstätten in Nürnberg waren ebenfalls recht umfangreich, jedoch von sehr verschiedenem Werte. Modern eingerichtet waren davon die Fabriken für Wechselstrommaschinen und Zähler. Die Herstellung der letzteren war die einzige vorhandene Massenfabrikation. Zu erwähnen ist noch, daß Schuckert in Berlin eine Zweigfabrik, die früheren Werke von Gebr. Naglo hatte, die 1902 mit M. 800000 zu Buch standen. Diese wurden stillgelegt wie auch die alte Nürnberger Fabrik in der Schloßackerstraße, die der Schuckertgesellschaft verblieb. Man verteilte die Produktion nun derart, daß die Herstellung aller normalen Maschinen, der Zähler und Scheinwerfer in Nürnberg konzentriert wurde, die Fabrikation der Kabel und Leitungsmaterialien, der Bau anormaler Maschinen sowie die Massenfabrikation nach Berlin kamen, wo auch die gesamten Konstruktionsbureaus und die Zentralleitung untergebracht wurden. Auch die Herstellung der Bogenlampen blieb in Berlin, da dieser Zweig bei Schuckert weniger entwickelt war als bei Siemens & Halske. Die notwendigen Verlegungen nahmen längere Zeit in Anspruch, zum Teil verzögert durch die steigende Beschäftigung. Die letztere scheint auch bewirkt zu haben, daß durch die Neuorganisation eine Ersparnis an Werkstättenraum nicht zu konstatieren war. Unter den auf beiden Seiten vorhandenen Modellen wurde derart gesichtet, daß auf beiden die wertvolleren Konstruktionen sowie die Spezialitäten beibehalten wurden, unzeitgemäße Sachen beseitigt wurden, andere zur Erzielung einer gleichmäßigeren Abstufung nebeneinander bestehen blieben. Die zahlreichen deutschen technischen Bureaus beider Gesellschaften wurden in 42 Geschäftsstellen zu-

sammengefaßt, die in Unterabteilungen auch die An-
gelegenheiten der Firma Siemens & Halske erledigen.
Die per 31. Juli 1903 aufgestellte Bilanz der Siemens-
Schuckertwerke zeigt folgendes Aussehen:

Aktiva.	Mark	Passiva.	Mark
Kapital, noch nicht ein-		Stammkapital . .	90 000 000
berufen	10 000 000	Hypotheken . . .	1 000 000
Kassa, Wechsel etc. . .	1 392 000	Kreditoren einschl.	
Immobilien	14 815 000	Stammhäuser .	7 286 000
Werkzeuge, Maschinen etc.	9 837 000		
Rohmaterial	5 502 000		
Halb- und Fertigfabrikate	13 344 000		
Debitorien einschl. Filialen	34 354 000		
Resteinzahlung der			
Stammhäuser	8 947 000		
	98 286 000		98 286 000

Der Reingewinn wird aus den bereits erwähnten
Gründen verschwiegen, indem man ihn unter die Forderungen der Kreditoren gebracht hat. Ebenso ist er
bei dem Stammgesellschaften nicht ersichtlich.

Es folgten Abmachungen im Auslande. Siemens
& Halske besaß eine Zweiggesellschaft in Wien, ferner
nahestehende Unternehmungen mit Fabriken in London
und Petersburg. Die Aktiengesellschaft vorm. Schuckert
hatte Tochtergesellschaften in Österreich, Ungarn, Frankreich, Italien, England, Rußland, von denen die erstere
eine Fabrik betrieb. In Österreich ging man ähnlich
wie in Deutschland vor. Die Wiener Starkstromabtei-
lungen von Siemens & Halske wurden mit den Österreichischen Schuckertwerken vereinigt, während die Schwach-
stromabteilung in Wien und das Kabelwerk Leopoldsau
unter der Firma Siemens & Halske Aktiengesellschaft
fortgeführt wurden. Maßgebend war hierbei, daß die
Siemens'sche Starkstromabteilung in Österreich mit großen
Schwierigkeiten zu kämpfen gehabt hatte und nach dem

Ausbau des Wiener Bahnnetzes in seinem Umsatz stark
zurückging. Der Reingewinn sank 1903 auf 118 153 Kr.
gegen 1 196 562 Kr. im Vorjahre. Sie erhielt nunmehr
einen stärkeren Rückhalt und eine breitere Basis, da
die österreichischen Schuckertwerke gut gearbeitet und
gute Dividenden verteilt hatten. Ferner hatten die
letzteren in recht enger Beziehung zur Muttergesellschaft
gestanden, so daß die Vereinigung in Deutschland auch
eine solche in Österreich angebracht erscheinen ließ.
Die Österreichischen Schuckertwerke änderten dabei ihre
Firma in »Österreichische-Siemens-Schuckertwerke« um
und erhöhten ihr Kapital von 9 auf 18 Mill. Kronen.
Das so erweiterte Unternehmen nahm zu der eigenen
Fabrik die Siemensmaschinenfabrik in Leopoldsau sowie
die betreffenden Wiener Abteilungen mit allen Aktiven
und Passiven auf. Die Einbringungen von Siemens
& Halske wurden auf 12 bis 13 Mill. Kronen veranschlagt,
unterlagen jedoch noch einer besonderen Inventur, nach
deren Durchführung der Überschuß gegen die zum
Nennwert übernommenen 9 Mill. Kronen Aktien gutge-
schrieben wurde. Die Vertretung beider Gruppen in
der Verwaltung war hier eine gleichmäßige. Die Beziehungen zu den deutschen Siemens-Schuckertwerken
wurden durch einen besonderen Vertrag geregelt. Diese
übernahmen später von den beiden Stammgesellschaften
zusammen 5 Mill. Kronen Aktien der Österreichischen
Siemens-Schuckertwerke. Von den anderen Gesellschaften
läßt sich nur mitteilen, daß sich die Compagnie Générale
d'Electricité de Creil, Paris, die Anwendung der Patente
und Erfahrungen für Frankreich sicherte, die British
Schuckert Electric Company Ltd. behufs Vereinigung
mit Siemens Brothers liquidierte, und die Russische
Schuckertgesellschaft Vereinbarungen mit der Petersburger Siemens-Aktiengesellschaft traf. Die italienischen
Filialgesellschaften wurden August 1903 zur Società
italiana d'elettricita Siemens Halske e Schuckert ver-

einigt, die 1 Mill. Lire Kapital erhielt. Eine deutsche
Absatzgesellschaft, die Rheinische Schuckertgesellschaft
in Mannheim, verhielt sich zuerst ablehnend, überließ
dann aber die geschäftliche Bearbeitung ihres bisherigen
Gebietes den von ihr in Gemeinschaft mit den Siemens-
Schuckertwerken gegründeten Rheinischen Siemens-
Schuckertwerken.

Bei der Fusion Siemens & Halske-Schuckert fällt
das äußere Weiterbestehen sämtlicher Unternehmungen
auf. Es entsprang dieses der Schwierigkeit, alle sonst
zu vereinigenden Objekte richtig bewerten zu können.
Vielleicht werden Änderungen eintreten, wenn bei
Schuckert die Liquidation fortgeschritten ist, anderseits
die in Aussicht stehende Besteuerung der Gesellschaften
m. b. H. eine doppelte Besteuerung der durch die Siemens-
Schuckertwerke erzielten Gewinne herbeiführen würde.

Die beiderseitigen Finanzgesellschaften waren hier
außerhalb des Zusammenschlusses geblieben. In einem
anderen Falle jedoch brachten Siemens & Halske eine
Verschmelzung der Elektrisch Licht- und Kraftanlagen
Aktiengesellschaft mit der nur noch den Charakter einer
Liquidationsgesellschaft tragenden Aktiengesellschaft für
Elektricitätsanlagen in Köln zustande. Die erstere war
die Siemenssche Trustgesellschaft und arbeitete mit
30 Mill. Mark Aktienkapital. Sie war bei einer Anzahl
elektrischer Anlagen beteiligt, unter denen sich auch die
Gesellschaft für elektrische Beleuchtung, St. Petersburg,
befand. Die Kölner Gesellschaft gehörte zum Konzern
des Helios, besaß 1900 16 Millionen Aktienkapital, 1903
10 Millionen. Neben anderen Effekten und Anlagen
besaß sie $\frac{1}{3}$ (2 Mill. Rubel) des Kapitals der Petersburger
Gesellschaft für elektrische Anlagen sowie $\frac{1}{3}$ (1,5 Mill.
Rubel) der Forderungen an dieses Unternehmen, das in
lebhafter Konkurrenz mit der Gesellschaft für elektrische
Beleuchtung, St. Petersburg arbeitete, an deren Kapital
die Siemenssche Gesellschaft mit 2 265 000 Rubel beteiligt

war. Durch die Fusion wurde die Konkurrenz in Petersburg ausgeschaltet. Die Vereinigung wurde am 15. Dezember 1903 dadurch vollzogen, daß die Siemenssche
Trustgesellschaft sämtliche Aktien der Kölner Gesellschaft zu 100% für die Prioritätsaktien (5 Millionen), zu
42% für die Stammaktien (5 Millionen) ankaufte (gegen
90 bis 93 bzw. 34 bis 37 Börsenkurs). Man erwarb
M. 4699000 Stammaktien und M. 4917000 Vorzugs-
aktien. Die Stammaktien wurden sodann im Verhältnis
5 : 2 zusammengelegt und damit eine Reduktion des
Kapitals auf 7 Mill. Mark erreicht. Der Sitz der Gesellschaft wurde nach Berlin verlegt.

Felten & Guilleaume-Lahmeyerwerke.[1])

Mit der Schaffung der beiden eben behandelten
Konzerne glaubte man die neue Gruppierung als abgeschlossen ansehen zu dürfen. Allgemeine Elektricitäts-
Gesellschaft und Siemens-Schuckert hatten den weitaus
größten Teil der von ihnen bearbeiteten Produkte in
sich vereinigt und beherrschten mehr und mehr das
ganze Geschäft. Aber gerade die erdrückende Macht
dieser beiden mußte die noch übrigen Produzenten, sofern sie nicht aus der Reihe der Großfirmen scheiden,
auf die Durchführung umfangreicherer Unternehmungen
verzichten wollten, energisch drängen, größere wirtschaftliche Machtmittel an sich zu bringen. Teils indirekt teils
direkt durch die vorausgegangenen Fusionen veranlaßt, ent-
stand so die Kombination Felten & Guilleaume-Lahmeyer.

Die Elektricitäts-Aktiengesellschaft vorm. Lahmeyer
in Frankfurt a. M. war 1893 durch Vereinigung der Kommanditgesellschaft W. Lahmeyer & Co. mit der Aktiengesellschaft für den Bau und Betrieb elektrischer Anlagen entstanden. Das Aktienkapital wuchs bis 1900 von
1,7 auf 20 Mill. Mark, wozu noch ca. 13 Mill. Mark

---

[1]) Lit. 55—63, 66, 67.

Obligationen kamen. Die Gesellschaft war wesentlich durch die Fabrikation von Maschinen bekannt geworden. Sie hatte zur Zeit der günstigsten Konjunktur auch umfangreiche Unternehmergeschäfte gemacht, Zentralen im In- und Auslande gebaut und für ihre Finanzierung eine Trustgesellschaft, die Deutsche Gesellschaft für elektrische Unternehmungen, gegründet, deren Aktien sie 1902 zurückkaufte. Die Zeit der Krise und Baisse hatte daher auch Lahmeyer mitgenommen und eine Unterbilanz von $2^1/_2$ Mill. Mark geschaffen.

Durch die Beschränkung der Fabrikation auf Maschinen und Starkstromapparate war die Gesellschaft auf einen Bezug von Kupferfabrikaten, als blanke und isolierte Drähte, Kabel etc., angewiesen, als deren Lieferanten zum nicht geringen Teile die Hauptkonkurrenten, Siemens-Schuckert und die Allgemeine Elektricitäts-Gesellschaft, in Frage kamen. Die letzteren waren daher nicht nur in der Lage, mit billigeren Rohmaterialien zu arbeiten, sondern auch viel freier in der Lieferung und somit ganz wesentlich leistungsfähiger; dies fiel um so mehr ins Gewicht, als die anderen Großfirmen in ähnlicher Lage, Schuckert und die Union, bereits die Angliederung an solche Gesellschaften vollzogen hatten, die über Halbzeugwerke verfügten. Die Frage der Errichtung oder Erwerbung eines Kabelwerks wurde daher ernstlich diskutiert, die Entscheidung aber wegen der wenig erholten Konjunktur und des Preisdruckes im Kabelgeschäft aufgeschoben. Auch der Gedanke einer Angliederung an eine der beiden Großfirmen, zumal die Allgemeine Elektricitäts-Gesellschaft, tauchte auf, wurde aber, als vorläufig unter wenig günstigen Bedingungen durchsetzbar, zurückgestellt, um den Verlauf der Dinge noch einige Zeit zu beobachten.

In besonderer Weise waren Felten & Guilleaume durch die Konzernbildung betroffen worden. 1826 gegründet, war das Unternehmen 1900 in eine Aktien-

gesellschaft von 36 Mill. Mark Kapital umgewandelt
worden, deren Aktien jedoch vollkommen in Händen
von fünf Mitgliedern der Familie Guilleaume geblieben
waren. Die Gesellschaft stand seit langem in Beziehungen
zu der Firma Schuckert, bei der sie seit ihrer Über-
führung in die Form der Aktiengesellschaft beteiligt und
im Aufsichtsrate vertreten war. Ihre Tätigkeit bestand
in der Herstellung von Eisen- und Stahldraht, Draht-
waren, Kupferdraht, Kabeln und Gummiwaren, seit der
Aufnahme einer kleineren Nürnberger Firma auch in
der Fabrikation von Telegraphen- und Telephonapparaten.
Das Hauptwerk, das Karlswerk, befand sich in Mühl-
heim a. Rh. Mit dem Anschluß der Aktiengesellschaft
vorm. Schuckert an Siemens & Halske verlor man weitaus den bedeutendsten Abnehmer für Kupferfabrikate,
der zwar durch Verträge noch für geraume Zeit gebunden, immerhin aber nicht mehr zu halten war. Man
mußte daher, um das Werk genügend beschäftigen und
ausnutzen zu können, an eine Kompensation denken und
trug sich anfangs mit dem Gedanken einer Angliederung
des Dynamomaschinenbaues, zu welchem Zwecke die
Heliosfabriken erworben werden sollten. Dabei kamen
ihm jedoch die vereinigten Allgemeine Elektricitäts-
Gesellschaft, Siemens-Schuckert und Lahmeyer zuvor,
die dieses Werk zur Stillegung erwarben.

Die nunmehrige Vereinigung der Mühlheimer mit
der Frankfurter Gesellschaft zeigte somit einen gänzlich
anderen Charakter als die Herausbildung der beiden
Berliner Unternehmungen. Hatte es sich dort im wesentlichen um die Beseitigung einer Konkurrenz gehandelt,
so lag hier einzig eine gegenseitige Ergänzung vor, ein
Vorgang, der somit vom Standpunkt der volkswirtschaft-
lichen Verfassung von geringerer Bedeutung, in ökono-
mischer Beziehung jedoch deshalb rationeller erscheint,
weil es sich hier nicht um Vernichten einzelner Werke
zugunsten anderer handelt und nur ein kombinierter

Betrieb herbeigeführt wird. Die innere Verschiedenheit
der beiden Gesellschaften, von denen die eine ein reines
Fabrikationsunternehmen war oder doch nur Aktien
(15 Mill. Mark) von eng verbundenen Tochterfabriken
besaß, die andere sich daneben in Gründungsgeschäften
betätigt hatte und aus dieser Zeit her noch mit einer
Anzahl Effekten belastet war, kam bei dem Zusammenschluß zum Ausdruck. Felten & Guilleaume übernahmen
die Fabrikationsabteilung der Elektricitäts-Aktiengesellschaft Lahmeyer zu dem Bilanzwerte per 31. März 1905.
Lahmeyer brachte mit Wirkung vom 1. April 1905 Grundstücke, Gebäude, Maschinen und Vorräte und Außenstände im Gesamtbetrage von 22,76 Mill. Mark ein.
Felten & Guilleaume gewährten dafür 16,69 Mill. Mark
in Aktien (nom. 15 Mill. Mark zu 110%) und übernahmen
ferner M. 300000 Hypotheken und 5,78 Mill. Mark Kreditoren. Die Fabriken standen am 31. März 1905 mit
5,16 Mill., die Vorräte mit 7,72 Mill. Mark zu Buch, so
daß also rund 10 Mill. Mark Warenausstände sozusagen
als zugehöriges Betriebskapital überwiesen worden sind.
Der Kurs von 110% wurde mit Rücksicht auf die 8%
betragenden Reserven von Felten & Guilleaume festgesetzt. Da die Aktien, auf die gerade 8% Dividende
zur Verteilung kamen, in Wirklichkeit einen noch höheren
Wert besaßen (sie wurden im Juni 1906 zu 185% an
die Börse gebracht) so erhielt Lahmeyer für die Aufgabe
des Geschäfts die Einrichtungen weit über dem Buchwerte bezahlt. Andererseits wurden die Reserven von
Felten & Guilleaume durch das Aufgeld noch vermehrt,
während Lahmeyer sie mit dem Agio einsetzen mußte
und dadurch die Rentabilität der einzelnen Aktie entsprechend herabdrückte. Die Aktiengesellschaft vorm.
Lahmeyer stand zu ihrem Kontrahenten, der jetzigen Firma
Felten & Guilleaume-Lahmeyerwerke, in dem gleichen
Verhältnis wie Schuckert zu den Siemens-Schuckertwerken. Sie verwaltet ihren früheren Besitz an Elek-

trizitätswerken, Effekten und Beteiligungen und kassiert
den auf ihren Anteil entfallenden Gewinn der neuen
Gründung. Diese erhöhte ihr Kapital um 19 Mill. Mark,
von denen 15 Millionen dem schon genannten Zwecke,
4 Millionen der Stärkung der Betriebsmittel galten und
zur Hälfte von der Familie Guilleaume, zur Hälfte von
der Lahmeyer - Gesellschaft übernommen wurden. Die
Fabrikation blieb sich gleich und verteilt sich wie vorher in der Hauptsache auf das Mühlheimer und Frankfurter Werk, welch letzteres von den gleichzeitig im
Vorstand der Felten & Guilleaume-Lahmeyerwerke sitzen-
den Direktoren der Elektricitäts · Aktiengesellschaft Lahmeyer verwaltet wird. Werkstätten wurden durch die
Kombination weder entbehrlich noch ohne Vermehrung
der Produktion erforderlich.

Der Gewinn der Gesellschaft ist pro 1905 auf 10%
gestiegen. Der Einfluß der Fusion ist naturgemäß nicht
erkenntlich, da sich im einzelnen nichts geändert hat
als die Bezugsquelle bzw. die Konsumenten der Fabrikate sowie der Umfang der geschäftlichen Beziehungen.
Der Einblick in die Verhältnisse war bisher auch dadurch erschwert, daß die Gesellschaft noch immer den
Charakter einer Familiengründung besitzt. In der letzten
Generalversammlung vertraten acht Aktionäre das gesamte Kapital. Mitte 1906 sind jedoch Schritte getan,
um 51 Mill. Mark vollgezahlter Aktien zur Notierung zu
bringen. Der Gedanke der Ausdehnung ist auch weiter-
hin verfolgt und beispielsweise durch Einbeziehung einer
kleinen Meßinstrumentenfabrik in Hannover in die Tat
umgesetzt worden. Eine weitere Steigerung der Vielseitigkeit der Fabrikation durch Angliederung von einzelnen Unternehmungen erscheint keineswegs unwahr-
scheinlich.[1])

---

[1]) Inzwischen sind 95% der Aktien von Escher, Wyß & Co.,
Zürich, erworben worden, einer erstklassigen Firma für Wasser-
und Dampfturbinen (Zöllyturbine).

Kartellierung und Vertrustung.

Die moderne, der Entwicklung des Individualismus sonst so günstige Zeit hat eine Bewegung gezeitigt, die die Gewerbefreiheit dadurch zu beschränken versucht, daß sie den einzelnen zur Unterordnung unter die Gesamtheit der Gleichinteressierten bringt, ihn einen Teil seiner Selbständigkeit opfern läßt, um ihm materielle Vorteile zu schaffen. Produktion, Transportwesen, Handel und sogar der Konsum werden organisiert; man schließt sich in Organisationen zusammen, die eine gemeinsame Regelung der Interessen unter Auferlegung von Verpflichtungen anstreben. Nach den Erhebungen des Zentralverbandes deutscher Industrieller bestanden 1902 ca. 300 Kartelle, Syndikate und Konventionen, von denen 80 auf den Handel, 220 auf die Produktion (80 auf die Metallindustrie) entfallen. Man sieht bereits, wie die einzelnen Gebiete sich verschieden gut zu einem Zusammenschluß eignen. Eine geringe Zahl der interessierten Unternehmungen, örtliche Zentralisation, das Freibleiben von auswärtiger Konkurrenz, das wieder mit Monopolen und Schutzzöllen zusammenhängt, die Gleichartigkeit der äußeren Verhältnisse und der Produktionskosten, alles dieses sind Vorbedingungen, von deren mehr oder minder vollständigen Erfüllung der Einfluß der Organisation und der Umfang desr Ereichbaren abhängt. Je nach den Vorbedingungen wird es möglich sein, Preise, Absatzgebiete, Umfang der Produktion des einzelnen sowie die Verkaufsbedingungen festzusetzen, um so Überproduktion, übermäßige Unterbietungen und andere ungesunde Verhältnisse zu vermeiden. Man sieht bereits, daß die Elektroindustrie sich in Sachen des Zusammenschlusses in einer schwierigen Lage befindet; dabei hat sie allen Grund, sich zu organisieren; fast ringsum ist sie bereits eingeschlossen. Der Bezug der Rohmaterialien, als Kohle und Kupfer, der Halbfabrikate,

als Walz- und Gießereiprodukte, Glaswaren etc. stößt
auf feste Organisationen. Beim Absatze hat man mit
Vereinigungen der Konsumenten zu rechnen, beispielsweise der Elektrizitätswerke, der Installationsfirmen.
Aber die Vielseitigkeit der Erzeugnisse, ihr Qualitäts-
charakter, die Herstellung ganzer Anlagen oder auch
einfacher Marktwaren und Rohmaterialien schließen eine
allgemeine Zusammenfassung völlig aus. Auch in den
Unterbranchen liegen die Verhältnisse sehr verschieden.
Einzelne Gebiete sind der Kartellierung völlig verschlossen. Nicht aber einer Vereinheitlichung. Es bleibt
die zweite Form des Zusammenschlusses, die Vertrustung
übrig, die Schaffung einer Unternehmung, die alle anderen oder doch einen wesentlichen Teil derselben auf-
nimmt und nun den Betrieb einheitlich fortsetzt. Aber
die Gründung ist kostspielig. Carnegie sagt[1]):

»A genius in affairs sees that the eight or ten se-
parate organisations, with as many different ideas of
management, equipment etc., are as useless as were the
two hundred and fifty petty kings in Germany, and,
Bismarck-like, he sweeps them out of existence, creates
a great through line, doubles the securities or stocks
the interest upon which is paid out of the saving effected
by consolidation, and all is highly satisfactory.«

In der Tat sind die auf diese Weise erzielten Ersparnisse oft enorm. Bekannt ist das Beispiel des
Wiskey Trusts[2]), der seine Tätigkeit damit begann, daß
er von den 80 investierten Fabriken 68 schloß und die
gesamte Produktion auf 12 Werke konzentrierte. Eine
solche Form der Organisation würden einzelne Zweige
der Elektroindustrie deshalb begünstigen, weil die Zahl
der konkurrierenden Unternehmungen sehr gering ist,

[1]) Carnegie, Empire of business, p. 156. London and New
York 1902.

[2]) Jenks, The Trustproblem. New Yersey 1905.

die Fusionsbewegung, die ja von der Vertrustung nur
graduell verschieden ist, bereits vorgearbeitet und teilweise einen Grad der Akkumulation erreicht hat, daß
75% der Erzeugnisse in zwei Konzernen vereinigt sind.
Aber gar vielfach sind die Unternehmungen keineswegs
reif zur Expropriation. Man sieht im Gegenteil bei
Kenntnis der Verhältnisse genau, daß auch dort, wo
der Vorteil für alle Teile auf der Hand liegt, der Zusammenschluß oft an Imponderabilien scheitert.

Die Verschiedenheiten im Wesen der einzelnen
Branchen nötigen uns, diese gesondert zu betrachten,
um Erreichtes und Erreichbares genügend diskutieren
zu können. Wir wollen folgende Gebiete abgrenzen:
Maschinen, Starkstromapparate, Meß-, Zähl- und Registriervorrichtungen, Kabel und Leitungsmaterial, Glühlampen, Akkumulatoren, Isoliermaterial, Schwachstrom-
apparate, Kohlen; ferner die Schaffung kompleter Anlagen und das Installationsgeschäft.

Die Erzeugung von Dynamomaschinen, Motoren
und Transformatoren verteilt sich in Deutschland auf
etwa 30 Unternehmungen, von denen der größere Teil
in Nordwestdeutschland domiziliert. Etwa die Hälfte
davon sind Aktiengesellschaften, die ungefähr 100 Mill.
Mark ihres Aktienkapitals auf diese Branche verwenden.
Man kann dabei zwischen Maschinen unter und über
100 PS unterscheiden. Die Maschinen über 100 PS sind
fast immer anormal, werden besonders berechnet und
gefertigt. Ihre Anfertigung konzentriert sich schon heute
auf eine geringere Anzahl Werke als die oben genannte.
Kleinere Werke nehmen zwar Bestellungen auf große
Maschinen an, geben sie jedoch weiter. Vereinbarungen
der Produzenten sind hier, wo die Bestellungen seltener,
und überall die besonderen Betriebsbedingungen neue
Anforderungen ergeben, schwer zu erzielen und können
nur allgemeiner Natur sein. Ein Beispiel eines gemeinsamen Vorgehens sehen wir in einer allgemeinen 10 proz.

7*

später 15 proz. Preiserhöhung, die von der Allgemeinen
Elektricitäts-Gesellschaft, Siemens-Schuckert, Felten &
Guilleaume-Lahmeyer, Bergmann, Schwartzkopff, Geist,
Gesellschaft für elektrische Industrie und dem Sachsenwerk gemeinsam für Maschinen, Transformatoren und
Anlasser festgesetzt wurde. Die Maßregeln werden hier
auf Teuerungszuschläge beschränkt bleiben und somit
der Preis von der Konjunktur getragen werden. Zudem
spielt hier die Lieferung ganzer Anlagen eine Rolle, auf
die wir noch zurückkommen.

Maschinen unter 100 PS sind bereits Marktware
und sehr wohl einer Preisregulierung, eventuell einer
Kontingentierung zu unterwerfen. Eine gewisse Schwierigkeit liegt hier darin, daß die Größenklasse ganz usance-
mäßig bestimmt wird, da ja der Elektromotor für kürzere
Zeit oft das Dreifache des Normalen zu leisten vermag;
was bei der ersten Firma ein 1 PS-Motor ist, wird von
der anderen mit der doppelten Leistungsfähigkeit ausge-
zeichnet; beim einen wird der Anschein einer größeren
Wohlfeilheit, beim anderen der einer besseren Qualität er-
weckt, da bei größeren Maschinen der Wirkungsgrad ein
höherer ist. Der Festsetzung von Preisen müßte somit
die von den Tchnikern seit langem erstrebte, aber anscheinend nicht genügend durchgeführte Vereinheitlichung der Bemessungsweise vorangehen. Die Produktion der Maschinen ist bereits außerordentlich konzentriert, und diese Bewegung schreitet scheinbar fort. Die
Allgemeine Elektricitäts-Gesellschaft lieferte 1903/04
ca. 20 000, 1904/05 26 000 Maschinen, denen je 12 000
bis 15 000 Motoren unter $\frac{1}{2}$ PS hinzuzurechnen sind,
eine Steigerung, die sich nicht allgemein findet. Die
Kontingentierung dürfte daher schon am Widerstande
der Großfirmen scheitern, während eine Preisregulierung
allen wünschenswert und, wenn auch unter Schwierigkeiten, durchführbar sein wird. Eine Vertrustung scheint
ausgeschlossen, da die Stillegung einer großen Zahl von

Fabrikationsstätten erforderlich wäre. Vielleicht sorgt der Konkurrenzkampf für eine allmähliche Konzentration und vor allem für Spezialisierung der Betriebe.

Die Erzeugung der Starkstromapparate zersplittert sich wieder in eine Anzahl von Untergruppen, die Herstellung von Schaltanlagen und Schaltapparaten, Widerständen, Anlassern und Kontrollern, Fassungen, Steckkontakten, Anschlußvorrichtungen, Sicherungen, Abzweigdosen, Blitzschutzapparaten, Induktionszündern, Zellenschaltern, Heiz- und Kochapparaten, medizinischen und schließlich von Apparaten der drahtlosen Telegraphie. Auch die Bogenlampen können ihrem Charakter nach hierher gerechnet werden. Einzelne Betriebe, die sich mit der Herstellung von Fassungen, Schalenhaltern, Isolatorenstützen etc. befassen, ähneln fast schon den Metallwarenfabriken. Im allgemeinen kann man Konstruktionswerkstätten und solche für Massenartikel unterscheiden, deren erstere wegen der hier stärker ins Gewicht fallenden Verschiedenheit der Erzeugnisse schwerer zusammenzufassen sind. Die ganze Branche umfaßt neben den drei Großfirmen etwa 25 größere Unternehmungen, meist offene Handelsgesellschaften. Die ersteren drei fabrizieren ohne größere Konkurrenz Schaltanlagen, Schaltapparate, Widerstände, Anlasser und Kontroller. Im übrigen haben sie mit den anderen Firmen zu teilen. Da mit Ausnahme der Schaltanlagen und Kontroller alles mehr oder minder Marktware ist, so wären hier Preisfestsetzungen möglich. Für das zuletzt genannte, auf der Grenze nach den Metallwaren hin liegende Gebiet waren solche auch vorhanden; die Abmachungen erwiesen sich aber bald als lebensunfähig, weil den Mitgliedern des Kartells freigestellt worden war, bei Unterbietungen durch Außenstehende ohne weiteres mit den Preisen herunterzugehen. Damit war unlauteren Manipulationen Raum gegeben. Ein praktisch vollkommen durchgeführtes Monopol besitzen wir auf dem Gebiete der drahtlosen Telegraphie.

Ursprünglich hatte die Allgemeine Elektricitäts-Gesellschaft eine Abteilung für drahtlose Telegraphie nach dem System Slaby-Arco eingerichtet, während Siemens & Halske das System Braun aufgegriffen hatten. Das erstere war von der deutschen Marine, das zweite von der Armee aufgenommen, so daß schon die Eigenheit des Absatzgebietes eine Vereinheitlichung dringend forderte und auch energisch förderte. Daneben trieben aber auch rechtliche Verhältnisse zu einer Verständigung. Siemens & Halske klagten gegen die Allgemeine Elektricitäts-Gesellschaft wegen Patentverletzung, die letztere umgekehrt auf Nichtigkeit des betreffenden Patents von Siemens & Halske. Wäre es nun auch gelungen, dieses Patent zu Fall zu bringen, so hätten doch beide Erfinder nichts als das Bewußtsein gewonnen, ein Problem gleichzeitig gelöst zu haben, mußten aber mit der Vernichtung der Patente den Erfolg dem breiten Publikum überlassen. Man einigte sich daher; beide Prozesse wurden inhibiert und die Gesellschaft für drahtlose Telegraphie m. b. H. gegründet, die alle Erfahrungen, Patente, Einrichtungen beider Kontrahenten unter Gleichbewertung der Einlagen übernahm und nun ein einheitliches System Telefunken schuf, während die Fabrikation der erforderlichen Apparate etc. für eine bestimmte Zeitdauer den beiden gründenden Firmen je zur Hälfte übertragen wurde. Das Kapital von zunächst M. 300000 kam gleichmäßig an beide Kontrahenten und wurde bald auf 1 Million erhöht. Neben der deutschen Gesellschaft, deren System bei der deutschen, schwedischen und amerikanischen Marine eingeführt ist, ist nur noch die »Marconi Wireless Telegraph Company of America« von Bedeutung.[1]) Abkommen von erheblicher Wichtigkeit sind zwischen diesen beiden gleichberechtigten Faktoren bisher nicht

[1]) An dritter Stelle käme jetzt vielleicht noch die de Forest-Gesellschaft.

geschlossen worden, da vermutlich auch im Auslande die Konkurrenz beider noch nicht eine drückende oder ruinöse geworden ist. Die Möglichkeit einer solchen Vereinbarung ist aber bei der schon so weit gehenden Monopolisierung durchaus vorhanden.[1])

Heiz- und Kochapparate werden von fünf bedeutenderen Firmen hergestellt, die sich meist auf Patente stützen und daher die Preise zu halten vermögen; die Produktion ist jedoch keine sehr umfangreiche. Die Erzeugung elektromedizinischer Apparate ist fast ebenso zersplittert wie die der sonstigen medizinischen Instrumente, mit der sie vielfach zusammenhängt. Von großem Umfange ist noch die Fabrikation der Bogenlampen, die außer den drei Großfirmen etwa zehn Spezialfabriken beschäftigt, von denen jedoch eine allein etwa dreimal so viel produziert als die neun anderen. Vielfach entscheidet der Ruf der Firma und die Konstruktion der Lampe; ist es doch möglich, durch Verwendung bestimmter Konstruktionen und Kohlen bei gleichem Stromverbrauch die vier- bis fünffache Lichtausbeute zu erzielen. Dennoch erscheint zum wenigsten die Festsetzung von Minimalpreisen für Lampen gewisser Kerzenstärke nicht unangebracht und undurchführbar, zumal Abmachungen einer geringen Anzahl von Firmen entscheidend wirken könnten.

Bei den Meß-, Zähl- und Registriervorrichtungen hat man mit etwa 15 Firmen zu rechnen. Hier jedoch entscheidet vollkommen die Konstruktion und damit der Besitz von Patenten. Für viele Zwecke ist man auf die Instrumente ganz bestimmter Firmen angewiesen, wie sich eben die große Zahl der vorhandenen Typen nur den verschiedenen Anforderungen anpaßt. Die Kosten

---

[1]) Im Betriebe der Stationen ergeben sich durch die Verschiedenheit der Systeme Unbequemlichkeiten, die auf dem internationalen Kongreß für drahtlose Telegraphie, Berlin 1906, zur Sprache kamen, aber noch nicht zu einer Annäherung führten.

der Materialien sind von geringerem Einfluß und ihre
Preisschwankungen daher nicht so von Einfluß wie
anderswo. Eine Ausnahme machen die Zähler, die immer
in Massenfabrikation hergestellt werden. Hier wirkt aber
nicht nur das Vorhandensein einer geringen Zahl ge-
eigneter Patente, sondern daneben, daß der Zähler fast
nur von Elektrizitätswerken gekauft wird, die letzteren
aber vielfach in Beziehungen zu den beiden Konzernen
stehen, die Zähler fabrizieren und so auf ein bestimmtes
Absatzgebiet rechnen können. Da im übrigen die Konstruktionen ganz wesentlich verschieden sind, so können
Abmachungen sich höchstens auf die Lieferungsbedingungen erstrecken, die allerdings bisher einseitig von
der Vereinigung der Elektrizitätswerke festgesetzt werden.

Kabel und Leitungsmaterialien bilden Marktware,
wenn die ersteren auch nur auf Bestellung gefertigt
werden. Bei ihnen haben wir zunächst die Seekabel
abzusondern, für die nur die Norddeutschen Seekabel-
werke A.-G. in Nordenham in Betracht kommen, die
ihr Monopol vermutlich behalten werden, da nicht einmal dieses Werk gleichmäßig durch deutsche Aufträge
beschäftigt werden kann. Die Herstellung der Starkstromkabel beschäftigt neben den drei Großfirmen und
ihren Tochtergesellschaften sieben bis acht andere Unternehmungen, alles Aktiengesellschaften, mit zusammen
etwa 13 Mill. Mark Kapital. Die Gleichartigkeit der
einzelnen Erzeugnisse sowie die geringe Zahl der Interessierten haben hier schon 1901 ein Kartell, die Vereinigung Deutscher Starkstromkabel-Fabrikanten, entstehen
lassen, dessen Statuten auch gelegentlich der Kartell-
enquete veröffentlicht worden sind. Dem Kartell ge-
hörten schließlich elf Firmen an, die die Produktion der
Starkstromkabel untereinander kontingentierten, soweit
diese in Deutschland, Belgien, Holland, Dänemark,
Schweden, Norwegen, Spanien und Portugal Verwendung
fanden. Unter Starkstromkabel verstand man dabei:

1. Alle mit einem Bleimantel oder äquivalenten Schutzmantel umpreßten isolierten Leitungen, welche der Starkstromtechnik dienen, ganz gleichgültig ob die Isolation aus Papier, Faserstoff, Gummi etc. oder Kombination von solchen hergestellt ist.
2. Außer den bleiumpreßten Kabeln alle armierten Starkstromkabel sowie alle zur unterirdischen Verlegung geeigneten Starkstromkabel (Gummikabel, Bitumenkabel, Unterwasserkabel, Schachtkabel etc.).

Blieb auch im allgemeinen die Preisstellung den Kontrahenten freigestellt, so wurden doch von Fall zu Fall Vereinbarungen getroffen, um ein gewisses Niveau zu erreichen. Bei Kontingentüberschreitung stand dem Minderlieferer eine Barentschädigung von 10% des Wertes der anderseitigen Mehrlieferung zu, event. eine entsprechende Zuweisung von Aufträgen. Bei Bekämpfung von Outsiders waren Kampfpreise erlaubt, die jedoch unter Mitwirkung des Kartells und auf dessen Kosten festgesetzt wurden. Der Vertrag wurde zunächst auf zwei Jahre geschlossen. Es zeigten sich naturgemäß häufiger Schwierigkeiten und Unstimmigkeiten. Den damaligen fünf elektrotechnischen Großfirmen ohne Kabelwerk wurden besondere Lieferungsbedingungen gewährt, mit denen anderseits auch die Filialen von Siemens & Halske und der Allgemeinen Elektricitäts-Gesellschaft zu rechnen hatten. Infolge dieser ungünstigen Stellung der Großfirmen sowie Verschiebung der Verhältnisse infolge der Fusionen wurde das Kartell nach seinem Ablauf nicht erneuert. Später ist dann ein neues Kartell zustande gekommen, so daß die Preise für Bleikabel im letzten Jahre etwas erhöht werden konnten. Wie speziell das Kabelgeschäft sich zu einem Zusammenschluß eignet, zeigt sich noch bei der Regelung der Verhältnisse in Rußland, wo die Allgemeine

Elektricitäts-Gesellschaft, Siemens & Halske und die Felten & Guilleaume-Lahmeyerwerke Tochtergesellschaften, die beiden letzteren auch Kabelwerke besaßen. Die drei Firmen hatten nun nicht nur mit geringer Aufnahmefähigkeit des russischen Marktes und der gegenseitigen Konkurrenz, sondern auch mit der nicht unerheblichen Konkurrenz fremder Gesellschaften zu rechnen. 1906 einigte man sich daher und schuf eine trustartige Gesellschaft, die Vereinigten Kabelwerke in St. Petersburg, die mit 6 Mill. Rubel Kapital begründet wurde, um das ganze deutsch-russische Kabelgeschäft zu konzentrieren und so die Erzeugungs- und Absatzkosten herabzusetzen. Die Tätigkeit der Gesellschaft begreift daneben auch das Kupfer- und Leitungsdrahtgeschäft. Bevor wir in Deutschland das letztere betrachten, sei noch der Telephonkabel gedacht. Für diese kommen nur wenige Produzenten und in Deutschland nur ein Konsument, die Reichspostverwaltung in Betracht; nichts liegt daher näher als ein Submissionskartell, das die Preisfrage unter sich und mit der Post regelt. Die Produktion der Telephonkabel ist mit der wachsenden unterirdischen Verlegung der Fernsprechnetze in beständigem Steigen begriffen und wird zweifellos Abmachungen zeitigen, wenn solche nicht bereits vorhanden sind. Für blanke und isolierte Drähte gilt ähnliches wie für Kabel, nur daß hier andere, kleinere Produzenten hinzutreten, meist in Westfalen ansässig, die Spezialfabriken betreiben. Während diese direkt verkaufen, verarbeiten die Großfirmen den größeren Teil der Erzeugnisse weiter, so daß hier ein ähnlicher Unterschied vorliegt, wie er im Stahlwerksverband zwischen den reinen und kombinierten Werken herrscht, und eine Kontingentierung zwischen diesen verschiedenartigen Unternehmungen auf die Dauer nicht gestatten wird. Preisfestsetzungen sind, wenn auch schwer, so doch eher möglich.

Wir kommen zu den Glühlampen, bei denen man zwischen hoch- und niedervoltigen Lampen unterscheidet. Die ersteren sind sehr gleichartig und bilden die eigentliche Marktware. Sie werden von einer nicht zu großen Zahl umfangreicherer Werke produziert. Jahrelang hatte auf dem Glühlampenmarkte eine völlige Deroute geherrscht, die in der Zeit der Krise und Baisse ihren Höhepunkt erreichte: die Preise wurden immer weiter gedrückt, so daß nur eine Vereinigung den Ruin vermeiden konnte. Nach $1^1/_2$ jährigen Verhandlungen gelang es Mitte 1903, als in Deutschland aus Furcht vor österreichischer und holländischer Konkurrenz die Stimmung günstig war, ein Syndikat, die Verkaufstelle Vereinigter Glühlampenfabriken G. m. b. H. zustande zu bringen, dem sich deutsche, holländische, österreichische, ungarische, italienische und schwedische Fabriken anschlossen. Die mit 1 Mill. Mark fundierte Verkaufsstelle Vereinigter Glühlampenfabriken hat die Produktion kontingentiert und auch den Verkauf völlig zentralisiert. Sie nimmt den Fabriken, die nach Möglichkeit spezielle Typen zur Herstellung überwiesen erhalten, ihre Erzeugnisse zu bestimmten Preisen ab und verteilt den darüber hinaus erzielten Erlös nach Abzug der Unkosten im Verhältnis der Beteiligung am Grundkapital, das entsprechend den Kontingenten aufgebracht worden ist. Die Quoten sind so festgesetzt worden, daß von den Kontrahenten, die vorher zusammen $27^1/_2$ Millionen Lampen produziert haben sollen, z. B. Siemens & Halske und die Allgemeine Elektrizitäts-Gesellschaft zunächst je 5 Millionen, die Wiener Vereinigten Elektrizitätswerke 3,1 (vorher 4) Millionen zugewiesen erhielten. Der erstere trat jedoch, was nach dem Kartellvertrage gestattet war, der Allgemeinen Elektrizitäts-Gesellschaft noch einige Millionen ab; dies gab Anlaß zu einem Prozesse auf Nichtigkeit des Kartellvertrages, der jedoch erfolglos blieb. Der künftige Mehrgewinn wurde auf M. 85 000 geschätzt, also

eine nur mäßige Summe. Trotzdem machte sich zunächst eine Reaktion geltend, und der Wiener Gemeinde-
rat trug sich bereits mit dem Gedanken, ein städtisches
Glühlampenwerk zu errichten. Aber gerade derartige
Fabriken lassen sich nicht aus der Erde stampfen, besonders nicht durch Kommunalverwaltungen. In Deutschland sind 8 bis 10 Firmen außerhalb des Syndikates geblieben, die heute vielleicht 10% der Produktion re-
präsentieren. Es ist daher auch gelungen, die Preise
wieder auf ein Niveau zu bringen (von durchschnittlich
32½ Pfg. auf 50 Pfg. resp. 60 Pfg.), das die Möglichkeit
eines Gewinnes bietet.[1]) Die Wiederverkäufer werden
dabei an Konsumentenpreise gebunden. Die außer-
deutschen Outsider spielen für uns keine Rolle, da für
Glühlampen ein Zoll von M. 80 pro Doppelzentner er-
hoben wird, der genügt, um den Inlandmarkt zu sichern
und auch die kürzlich einen Vorstoß wagende fran-
zösische Konkurrenz beseitigen geholfen hat. Das
Glühlampensyndikat, das weitestgehende Kartell der
Elektroindustrie, ist gleichzeitig ein ausgezeichneter Be-
weis dafür, daß der Fortschritt, die Erfindertätigkeit,
keineswegs durch ein teilweises Ausschalten der Konkurrenz gelähmt wird. Im Gegenteil hat die Kontingentierung der Kohlenfadenlampe einen neuen Aufschwung
der Glühlampenbeleuchtungstechnik gezeitigt. Die Vergrößerung der Produktion ist eben nur durch Fabrikation prinzipiell neuer Konstruktionen möglich, und in
der Tat sehen wir heute auf dem Glühlampenmarkte
eine Neuheit nach der anderen auftauchen. In der
Fabrikation niedervoltiger Lampen für Taschenlampen etc.
sind infolge der vielfach vorhandenen Kleinbetriebe
Vereinbarungen nicht zu erzielen gewesen und die Preise
daher sehr gedrückt.

---

[1]) Inzwischen ist der Preisaufschlag infolge der eingeräumten
Rabatte illusorisch geworden; es entstanden 11 neue Glühlampenfabriken, die außer Syndikat blieben. Berliner Tageblatt, Dez. 1906.

Die Sekundärelemente zerfallen in stationäre und transportable Akkumulatoren, von denen die ersteren vorläufig von weit größerer Wichtigkeit sind. Die Fabrikation derselben hat sich trustartig in einem Betriebe, der Akkumulatorenfabrik Aktiengesellschaft in Berlin und Hagen konzentriert, deren Grundstein dadurch gelegt wurde, daß 1890 die Allgemeine Elektricitäts-Gesellschaft und Siemens & Halske gemeinsam die nach den Faurepatenten arbeitende Fabrik von Müller & Eimbeck in Hagen in eine Aktiengesellschaft von $4^1/_2$ Mill. Mark Kapital umwandelten und an sie die eigene Produktion abgaben. Da Akkumulatoren besonders bei der Schaffung von Zentralen gebraucht werden, so waren die Gründerfirmen von vorne herein die Hauptkonsumenten. Die Fabrikation wurde dann allerdings auch noch von anderen Firmen aufgenommen, so daß man eine Preiskonvention einging, die zuletzt zehn Mitglieder umfaßte und 1902 in die Brüche ging. Das Kartell gewann jedoch wegen der Outsider keine größere Bedeutung.

›Als es auseinander gefallen war, traf Berlin-Hagen mit den führenden Elektrizitätsgesellschaften einen Rückversicherungs- und Gegenseitigkeitsvertrag, der ihm den Löwenanteil am deutschen Akkumulatorengeschäft sicherte. In diesen Verträgen mit der Allgemeinen Elektricitäts-Gesellschaft, Siemens & Halske Aktiengesellschaft, der Lahmeyer-, der Schuckertgesellschaft und in neuester Zeit mit dem Sachsenwerk ist vereinbart, daß bei allen von den genannten Elektrizitätsfirmen für die Ausführung irgend eines Auftrages benötigten stationären Akkumulatoren von vornherein die Berlin-Hagener Gesellschaft eine Art Vorrecht für die Bewerbung erhält. Dieser Gesellschaft liegt jeder derartige Auftrag zuerst zur Bearbeitung vor, die genannten Elektrizitätsfirmen unterstützen die Bewerbung der Akkumulatorenfabrik Berlin-Hagen und sichern ihr in sehr vielen Fällen den Auftrag. Welche Bedeutung diese Verträge für Berlin-

Hagen und seine Konkurrenz besitzen, geht daraus hervor, daß ca. 70% des gesamten deutschen Bedarfes an
stationären Akkumulatoren von der oben angeführten
Konstellation von der Berlin-Hagener Fabrik verbündeten Elektrizitätsgesellschaften kontrolliert werden.«[1])

Hagen machte nunmehr alle kleineren Werke kon-
kurrenzunfähig. Jeidels sagt[2]):

»Einige verschwanden, andere — so schon vor
mehreren Jahren die Akkumulatorenwerke Gelnhausen
G. m. b. H. und die Akkumulatorenwerke Oberspree
Aktiengesellschaft, eine Loewesche Gründung, — wurden
von der Akkumulatorenfabrik Aktiengesellschaft übernommen. Die entscheidenden Schläge versetzte diese
der Konkurrenz durch Preisherabsetzung, der zuerst die
Akkumulatorenwerke Aktiengesellschaft, System Pollack,
Frankfurt a. M. und die Berliner Elektrizitäts- und Akkumulatorenwerke (vorm. Lehmann & Mann) zum Opfer
fielen. Beide gingen in der Akkumulatorenfabrik Aktiengesellschaft auf. Als dann Anfang des Jahres 1904 von
einer neuen Preisherabsetzung gesprochen wurde, stellten
die Akkumulatorenwerke E. Schulz in Witten freiwillig,
das Bleiwerk Neumühl (Morian & Co.) nach Verhandlungen die Akkumulatorenherstellung ein und Mitte des
Jahres wurde schließlich mit den beiden wichtigsten
überlebenden Konkurrenten, den Akkumulatorenwerken
Pflüger Aktiengesellschaft in Berlin (inzwischen bereits
aufgekauft) und Gottfried Hagen in Köln eine enge, auf
Arbeitsteilung zielende Verbindung geschlossen.«

Es sollen insgesamt 27 Firmen aufgekauft sein.
Hagen hat damit weitaus gesiegt und ist heute das einzige prosperierende Akkumulatorenwerk. Seine Konkurrenten sind, soweit ersichtlich, seit Jahren nicht in
der Lage gewesen, Dividenden zu verteilen. Hagen gab
dagegen von 1893 bis 1902 je 10%, darauf $12^1/_2$%,

---

[1]) Berliner Tageblatt, 4. Dezember 1905.
[2]) Jeidels a. a. O., S. 237.

woraus gleichzeitig ersichtlich ist, daß auch ein Trust nicht in der Lage ist, jeden Preis zu verlangen. Das verhindert schon die immerwährend latent vorhandene Konkurrenz. Es zeugt aber für die Stellung der Firma, daß sie am 1. Januar 1906 eine Preiserhöhung von 10% dekretieren konnte. Neben den stationären produziert sie auch transportable Akkumulatoren, die mit der Ausbreitung des Automobilismus eine steigende Bedeutung gewinnen. Die Entwicklung dieses Zweiges wird aber von der über kurz oder lang erfolgenden Erfindung eines leichten, wirksamen Akkumulators und damit zunächst von Patenten abhängig sein.

Die Herstellung von Isoliermaterialien ist zersplitterter als alles andere. Es gehören daher die Fabriken für Porzellan, Glimmerwaren, Lacke, Papier, Gummiwaren, ferner die Fabriken der Surrogate, als Vulkanasbest, Tenazit, Gallalit, Ambroin, Adit etc. Da mit dem Rohmaterial des Erzeugnisses der Preis außerordentlich schwankt, ist hier jede Vereinbarung fast ausgeschlossen. Nur für Einzelartikel, wie Isolierrohre, wären Abmachungen sehr wohl möglich. Die Produktion derselben beschäftigt acht Werke. Daß unter ihnen nicht der geringste Zusammenhang besteht, hat das Einkaufskartell der Installateure geschickt zu benutzen verstanden, indem es im Submissionswege die Preise erheblich drückte.

Von den Schwachstromapparaten für Eisenbahnsicherungen, Telegraphie und Telephonie sind besonders die letzteren von Bedeutung. Abnehmer ist in der Hauptsache die Reichspostverwaltung. Diese holt, wenn sie Bestellungen machen will, von den 12 in Betracht kommenden Firmen Offerten ein und setzt dann den Preis autoritativ fest unter gleichmäßiger Verteilung des Auftrages an die einzelnen Fabrikanten. Bei einer derartigen Praxis sind einem Submissionskartell alle Wege geebnet. Vermutlich ist ein solches vorhanden. Jedenfalls ist es gelungen, gewisse Preiserhöhungen durchzusetzen.

Schließlich die Produktion von Kohlen für Bogenlampen, Telephone, Elektroden, Stromabnehmer und
Elemente. Außer zwei Firmen, die je einem Konzerne
nahe stehen, sind noch zwei andere Unternehmungen
von wesentlicher Bedeutung vorhanden. Bei den nicht
so sehr verschiedenen Erzeugnissen und der geringen
Zahl der Firmen wären Vereinbarungen möglich. Daß
sie bisher nicht zustande gekommen sind, liegt unter
anderem wie so oft daran, daß der Kampf um die Vorherrschaft noch nicht genügend entschieden ist, wie
auch der Gedanke der Notwendigkeit eines Zusammenschlusses zu Interessengruppen noch keineswegs durch-
gedrungen ist.

Es bleibt noch die Herstellung ganzer Anlagen.
Zentralen, Kraftübertragungen und Bahnunternehmungen
sind eine wenig bestrittene Domäne der drei Großfirmen,
besonders aber der beiden in Berlin ansässigen. Speziell
die lebhafte Konkurrenz der früher beteiligten durchschnittlich sechs Firmen bei diesen größeren Objekten
ist ein treibender Faktor bei den unter ihnen vollzogenen
Fusionen gewesen. Die von den vier größeren für die
Projektanfertigung aufgewendeten Kosten wurden 1902
auf 12 Millionen geschätzt.[1]) Die Zahl der Firmen ging
durch die Fusion auf vier zurück, die nun schon zu
engeren Beziehungen hätten kommen können. Ein Trust
würde aber nicht nur mit einem Umfange zu rechnen
gehabt haben, wie ihn in Deutschland bisher keine wirtschaftliche Organisation aufweist, sondern vor allem an
der Tatsache gescheitert sein, daß diese Unternehmungen
zum Teil noch in Familienbesitz, die unpersönliche Form
nur scheinbar vorhanden war. Eher schon hätte man
die Projektierung von der Fabrikation abtrennen können,
ähnlich dem Gebiete der drahtlosen Telegraphie, und so
die mindestens vierfache Bearbeitung, die nichts als eine
Arbeitsvergeudung ist, auf eine ein- bis zweifache redu-

---

[1]) Frankfurter Zeitung, 28. November 1902.

zieren können. Man begnügte sich, die unangenehmste
Konkurrenz, den Helios, der in Preisdrückereien besonders groß gewesen war, aufzukaufen und stillzulegen,
was infolge der durch die Krise verursachten Schwäche
der mit 9 Millionen Unterbilanz arbeitenden Firma möglich war. Die Siemens-Schuckertwerke, die Allgemeine
Elektricitäts-Gesellschaft und Lahmeyer (10 %) schlossen
sich zusammen und erwarben Anfang 1905 für $2^{1}/_{2}$ Mill.
Mark Terrain, Gebäude, Einrichtungen, Maschinen, Werkzeuge, Patente und Modelle, kurz die gesamte Fabrik,
die nur noch bis zum 30. Juni 1905 in Händen des
Helios blieb, um vorliegende Aufträge aufzuarbeiten und
die Vorräte abzustoßen. Die Anlagen wurden später
stillgelegt, die Maschinen unter den Erwerbern versteigert.
Damit ging die Zahl der Konkurrenten auf drei zurück,
von denen der dritte, Lahmeyer, sich durch Angliederung an ein Kabelwerk einen größeren Rückhalt sicherte.
Zentralen können, wenn sie kleiner sind, auch noch von
anderen Unternehmungen geschaffen werden. Die Er-
bauung von Bahnen ist jedoch unbestrittenes Gebiet der
drei großen. Vereinbarungen liegen daher nahe, sind für
Studienzwecke, z. B. Schnellbahnwesen, auch bereits getroffen worden. Vermutlich werden die Firmen, von
denen die beiden Berliner Lahmeyer hier bedeutend
überlegen sind, von Fall zu Fall Abmachungen treffen,
wie wir andererseits bereits häufiger ein Zusammenarbeiten
sehen können. Bei der Vergebung der Lieferungen für
die Hamburger Stadt- und Vorortbahn hat die Allgemeine
Elektricitäts-Gesellschaft den Auftrag auf Triebmittel,
Siemens-Schuckert den größeren Teil der Zentrale und
die Strecke, Felten & Guilleaume-Lahmeyer einen dritten
Teil erhalten. Ein ähnliches Zusammenarbeiten hat auch
bei Unternehmergeschäften wie in Valparaiso, Warschau
stattgefunden.

Für das Installationsgeschäft, unter dem die Herstellung kleinerer Anlagen, besonders für die Ausnutzung

des Stromes, verstanden werden soll, gilt manches des
Gesagten. Die drei Großfirmen betreiben diesen Zweig
in ganz Deutschland, wobei sie überall auf eine sehr
energische Konkurrenz von allerdings nur lokaler Bedeutung treffen. Die freien Starkstrominstallateure befinden sich in der unangenehmen Lage, ihr Material
größtenteils von den eigenen Konkurrenten beziehen zu
müssen. Sie sind somit in der Regel nur dort kon-
kurrenzfähig, wo die Großfirmen nicht ansässig sind und
daher mit größeren Spesen zu rechnen haben. Sie haben,
um auch dem Submissionsunwesen und der in der Ausarbeitung von Kostenanschlägen und Projekten getrie-
benen Verschwendung entgegenzutreten, den Verband
Deutscher Installateure gegründet, aus dem wieder ein
Einkaufskartell hervorging, das Großfirmen und Spezialfabriken teilweise geschickt gegeneinander ausgespielt hat.
Es fragt sich in der Tat, ob es lohnend ist, auch die
Installation durch ein Netz von Bureaus betreiben zu
lassen. Die Spesen sind nicht gering und die Preise infolge der Konkurrenz oft gedrückt. Aber die Großfirmen
waren ursprünglich gar nicht in der Lage, von dem
Betrieb dieses Geschäftszweiges abzusehen. Die Installateure rekrutierten sich aus Klempnern, Mechanikern und
anderen Unsachverständigen, die für Schwachstrom-
anlagen genügten, nun aber auch das neue Gebiet be-
ackern wollten und leider auch Klienten fanden, die
sich durch die Billigkeit der Anlagen täuschen ließen.
Elektrische Anlagen lassen sich, cum grano salis gesagt,
so billig und teuer herstellen als man will, eine Tatsache, die selbst von einer größeren Anzahl Stadtverwal-
tungen nicht berücksichtigt worden ist, wenn Gevatter
Schneider und Handschuhmacher den Auftrag vergaben.
Ein Gesetz, eine Kontrolle, wie wir sie vermutlich jetzt,
wo sie nicht mehr so nötig ist, haben werden, lag nicht
vor. Um dem Entstehen unsachgemäßer Anlagen vorzu-
beugen, nahmen daher die Großfirmen die Sache selbst

in die Hand. Heute jedoch ist die Sachlage völlig ver-
ändert. Die Starkstrominstallateure ergänzen sich heute
aus den Kreisen der in Theorie und Praxis geschulten
Ingenieure, zum beträchtlichen Teile aus den Beamten
der Bureaux der Großfirmen, denen so die Erringung
wirtschaftlicher Selbständigkeit ohne Anwendung allzu
bedeutender Kapitalien möglich ist. Damit ist auch weit
eher die Anbahnung von Beziehungen zwischen Großfirma und Installateur ermöglicht. Schon heute stehen
solche oft in festen Verhältnissen zueinander. Der Installateur garantiert einen festen Umsatz und darf dafür
sein Geschäft als Bureau der betreffenden Großfirma
bezeichnen. Auch die Gewährung von Krediten ist ein
wesentliches Hilfsmittel zur Erzielung einer Abhängigkeit. Vielleicht wäre es möglich, die soliden Installateure
zu Verbänden zusammenzufassen, die in ihrem Charakter
den Händlerverbänden des Stahlwerksverbandes ähneln,
auf die Kontrahenten als Lieferanten angewiesen sind
und dafür von diesen keine Konkurrenz erfahren. Die
Sachgemäßheit der Anlagen, die Beschränkung der
Konkurrenzprojekte, die Festhaltung des Preisniveaus
wären dann sehr wohl zu erreichen. Die drei Konzerne
— denn nur diese kommen als feste Lieferanten in Betracht, da nur sie das Äquivalent eines Wegfalls der
Konkurrenz zu bieten vermögen — würden dadurch der
Entwicklung der Spezialfabriken, die heute in einigen
Gebieten die Großfirmen an Umsatz übertreffen, und
damit der Zersplitterung entgegenarbeiten können.

Fassen wir alles zusammen, so sehen wir das ganze
Gebiet der Elektroindustrie mehr oder minder von den
drei großen Konzernen beherrscht, die nach Arbeiter-
zahl, Umsatz, Kapital und wirtschaftlichem Einfluß die
Gesamtheit der übrigen Firmen ihrer Branche bei weitem
übertreffen. Die Zeit der Krise hat manche der Spezialfabriken, deren viele noch das Ergebnis der Hochkonjunktur waren, verschwinden lassen, um so mehr als es

gelungen ist, die meisten Firmen zweiter Ordnung als
Abnehmer der Großfirmen zu gewinnen. Die Spezial-
fabriken haben sich demgegenüber im Verein zur Wahrung gemeinsamer Wirtschaftsinteressen der deutschen
Elektrotechnik zusammengeschlossen, der sie in sechs
Gruppen teilt und ihre Interessen vertritt. Er hat keine
eigentlichen Machtbefugnisse, bildet aber wohl die Unter-
lage für eine Anzahl von Kartellen, die hier für einzelne
Erzeugnisse geschaffen sein mögen. Jedenfalls hat der
Konzentrationsprozeß, der schon mit der Entwicklung
der Starkstromindustrie einsetzte und parallel mit den
Bewegungen in der sonstigen Weltwirtschaft ging, gerade
in der Elektroindustrie eine Akkumulation geschaffen,
wie wir sie sonst wohl nur im Bankwesen beobachten
können. Die Frage, ob diese Konzentration zu großen
Unternehmungen und Interessenverbänden im Interesse
der Volkswirtschaft, der Weltwirtschaft liegt, muß be-
jaht werden. Das ökonomische Prinzip findet mit ihr
eine immer vollkommenere Verwirklichung. Der Gewinn steigt, auch wenn man von Preiserhöhungen absieht, das Risiko sinkt; die heftigen Erschütterungen,
die das Wirtschaftsleben bisher mit einer gewissen Regel-
mäßigkeit heimgesucht haben, werden vermieden oder,
sofern sie auf höhere Gewalten zurückgehen, gemildert
werden können. Wie der Staat heute Zwangsinnungen
im Handwerk zuläßt, so wird er später vielleicht entsprechenden Organisationen der Industrie den Weg
ebnen. Bedeutet doch das neue System im wirtschaftlichen Leben einen Sieg des Konstitutionalismus über
die Anarchie.

Literatur.

1. Engel, Die deutsche Industrie 1875 und 1861. Berlin 1880.
2. Deutscher Handelstag, Das deutsche Wirtschaftsjahr 1880—83. Berlin 1881—1885.
3. Statistik des Deutschen Reiches.
4. Fleischmann, Erwerbszweige, Fabrikation und Handel in den Vereinigten Staaten. Stuttgart 1850.
5. Greely etc., Die Großindustrie der Vereinigten Staaten. Hartford, Chicago und Cincinnati 1872.
6. Grothe, Die Industrie Amerikas. Berlin 1877.
7. Census Bulletins der Vereinigten Staaten von Nordamerika 1880 ff.
8. Entwicklung von Industrie und Gewerbe in Österreich in den Jahren 1848—1888. Wien 1880.
9. Statistischer Bericht über Industrie und Gewerbe des Erzherzogtums Österreich unter der Enns im Jahre 1880. Wien 1883.
10. v. Scherzer, Weltindustrie. Stuttgart 1880.
11. Reuleaux, Buch der Erfindungen, Bd. 9. Leipzig und Berlin 1893.
12. Arnold, Die Entwicklung der Elektroindustrie in Deutschland. Karlsruhe 1899.
13. Werner Siemens, Lebenserinnerungen. Berlin 1901.
14. Fasolt, Die sieben größten deutschen Elektrizitätsgesellschaften. Dresden 1904.
15. Kreller, Die Entwicklung der deutschen elektrotechnischen Industrie. Staats- und Sozialwissensch. Forschungen, Bd. II, Heft 3. Leipzig 1903.
16. Hasse, Die Allgemeine Elektricitäts-Gesellschaft und ihre wirtschaftliche Bedeutung. Heidelberg 1902.
17. Wagon, Finanzielle Entwicklung deutscher Aktiengesellschaften. Jena 1903.
18. Riesser, Zur Entwicklungsgeschichte der deutschen Großbanken. Jena 1905.
19. Jeidels, Das Verhältnis der deutschen Großbanken zur Industrie. Leipzig 1905.
20. Eberstadt, Der Deutsche Kapitalmarkt. Berlin 1901.

21. Spiethoff in Schmollers Jahrbuch 1902:
    Vorbemerkungen zu einer Theorie der Überproduktion.
22. Verein für Sozialpolitik, Störungen im deutschen Wirtschafts-
    leben während der Jahre 1900 ff. Leipzig 1903/4.
    Bd. 107: Steller, Maschinenindustrie.
             Loewe, Elektrotechnische Industrie.
23. Bd. 109: Jastrow etc., Die Krisis auf dem Arbeitsmarkte.
24. Bd. 110: Hecht etc., Geldmarkt und Kreditbanken.
25. Bd. 112: Zuckerkandl, Rückwirkungen auf Österreich.
26. Bd. 113: Verhandlungen über die Störungen im deutschen
    Wirtschaftsleben.
27. Sayous, La Crise allemande 1900—1902. Berlin und Paris 1903.
28. Bürner, Zur wirtschaftlichen Entwicklung und Lage der deut-
    schen elektrotechnischen Industrie. Berlin 1903.
29. Verein zur Wahrung gemeinsamer Wirtschaftsinteressen der
    deutschen Elektrotechnik, Die Geschäftslage der deutschen
    elektrotechnischen Industrie 1904 und 1905.
30. —, Tätigkeitsberichte 1904 und 1905.
31. Calwer, Das Wirtschaftsjahr. Berlin 1900 ff.
32. Berliner Jahrbuch für Handel und Industrie. Berlin 1900 ff.
33. Bloch, Das Grundgesetz der Wirtschaftskrisen und ihre Vor-
    beugung im Zeitalter des Monopols. Berlin 1902.
34. Haushofer, Das deutsche Kleingewerbe in seinem Existenz-
    kampf gegen die Großindustrie. 1885.
35. Sinzheimer, Über die Grenzen der Weiterentwicklung des fabrik-
    mäßigen Großbetriebes in Deutschland. Stuttgart und Berlin 1893.
36. Heymann, Die gemischten Werke im deutschen Eisengroß-
    gewerbe. Stuttgart und Berlin 1904.
37. Rathenau, Der Einfluß der Kapitals- und Produktionsvermeh-
    rung in der deutschen Maschinenindustrie. Jena 1906.
38. Pohle, Die Kartelle der gewerblichen Unternehmer. Leipzig 1898.
39. Grunzel, Über Kartelle. Leipzig 1902.
40. —, System der Industriepolitik. Leipzig 1905.
41. Liefmann, Die Unternehmerverbände, ihr Wesen und ihre Be-
    deutung. Freiburg i. Br., Leipzig und Tübingen 1897.
42. Liefmann, Schutzzoll und Kartelle. Jena 1903.
43. —, Kartelle und Trust. Stuttgart 1905.
44. Menzel, Kartelle und die Rechtsordnung. Leipzig 1902.
45. Tschiersky, Kartelle und Trust. Göttingen 1903.
46. Jenks, The Trustproblem. New Yersey 1905.
47. Sönnichsen, Die Vereinigung der Elektrizitätsfirmen. Karls-
    ruhe 1902.
48. Carnegie, Empire of business. London und New Yersey 1902.

49. Schmoller, Grundriß der allgemeinen Volkswirtschaftslehre. Leipzig 1900.
50. Philippowich, Grundriß der politischen Ökonomie. Tübingen und Leipzig 1901.
51. Sombart, Der moderne Kapitalismus. Leipzig 1902.
52. —, Die deutsche Volkswirtschaft im 19. Jahrhundert. Berlin 1903.
53. Handwörterbuch der Staatswissenschaften. 1900.
54. Neumann, Kurstabellen.
55. Salings Börsenpapiere 1905/06.
56. Handbuch der deutschen Aktiengesellschaften 1905/06.
57. Handelskammerberichte.
58. Geschäftsberichte.
59. Frankfurter Zeitung.
60. Berliner Tageblatt.
61. Berliner Börsenzeitung.
62. Berliner Börsenkurier.
63. Welt am Montag.
64. Zukunft.
65. Preußische Jahrbücher.
66. Der deutsche Ökonomist.
67. Elektrotechnische Zeitschrift.
68. Electrical Review.
69. L'électricien.

www.ingramcontent.com/pod-product-compliance
Lightning Source LLC
Chambersburg PA
CBHW031447180326
41458CB00002B/680